室内快题考研高分攻略

手绘表现案例解析

吕律谱　张姣艳　张宇轩　邹　凯　编著

广西师范大学出版社
·桂林·

图书在版编目(CIP)数据

室内快题考研高分攻略：手绘表现案例解析 / 吕律谱等编著 .—桂林：广西师范大学出版社，2023.7
ISBN 978-7-5598-3740-0

Ⅰ . ①室… Ⅱ . ①吕… Ⅲ . ①室内装饰设计 – 绘画技法 – 研究生 – 入学考试 – 自学参考资料 Ⅳ . ① TU204.11

中国国家版本馆 CIP 数据核字 (2023) 第 094930 号

室内快题考研高分攻略：手绘表现案例解析
SHINEI KUAITI KAOYAN GAOFEN GONGLUE: SHOUHUI BIAOXIAN ANLI JIEXI

出 品 人：刘广汉
策划编辑：高　巍
责任编辑：孙世阳
助理编辑：马竹音
装帧设计：六　元

广西师范大学出版社出版发行
(广西桂林市五里店路 9 号　　邮政编码：541004
网址：http：//www.bbtpress.com)
出版人：黄轩庄
全国新华书店经销
销售热线：021–65200318　021–31260822–898
恒美印务（广州）印刷有限公司印刷
(广州市南沙区环市大道南路 334 号　邮政编码：511458)
开本：889 mm × 1194 mm　1/16
印张：12.25　　字数：126 千
2023 年 7 月第 1 版　　2023 年 7 月第 1 次印刷
定价：68.00 元

前言

快题设计，指在较短时间内将设计思路和意图用手绘或尺规绘制的方式快速地表达出来。这是业内考核设计工作者的基本素质和能力的重要、高效的手段之一。

对于环境设计、室内设计等专业的高校学生而言，室内快题设计是学习生涯中必修的专业课程，是各大高校设计类专业研究生入学考试、设计院入职测试的必考科目，同时也是艺术设计类学生出国留学所需的基本技能。可以说，室内快题设计是相关专业学生的必经之路。

室内快题设计作为相关人员专业素质和设计水平的有效测试方式，对培养学生和设计师的创造力和表现力起着重要作用。作为实用类艺术专业的代表，环境艺术专业、室内设计专业的学生需要在学好艺术类造型技能的同时，掌握专业基础理论、相关学科领域理论知识与专业技能，并具有创新能力和设计实践能力。这就要求学生在学习快题设计的过程中，既要学好手绘表现技法，也要学好各类室内空间的设计方法。

优秀的快题设计应当是一个好的设计作品，也应当是一幅好的画作。要画出一套优秀的室内快题设计作品，需要具有良好的手绘表现基本功、构思和创意表达能力、方案设计能力。可以说，只有画出同时具有实用性和美观性的快题作品，才算踏入了优秀快题的门槛。

在本书中，我们将室内快题设计的诸多内容按照其学习特点，由浅至深地进行谋篇布局。第一部分我们以基本概念为引，详细阐述了室内快题设计的基本概念、应用领域及评分标准。第二部分具体分析了室内快题在设计绘制过程中需要掌握的各项重要设计方法。在此基础上，我们在各式各样的室内空间类别中选择了最为常见的五大类空间进行详细分析与阐述，形成了以家装、餐饮、办公和展示空间为主的本书第三部分——室内快题主题空间，从而进一步细分了各类空间的设计方法与设计重点。第四部分重点介绍一个完整快题设计的组成内容。此外，我们还在后续章节中诠释了一些具有代表性的真题快题设计表现形式和部分真题解析，且将我们多年来在教学实践中遇到的优秀作品附于其后，以达到“讲艺术也讲设计，讲功能也讲形式，重美观也重方案，有文字，更有图片”的编写原则。最后，还加入了考研经验分享这一部分。

本书的编写经历了一个漫长且充实的过程，我们将十余年来的设计教育与实践同十余年来的从业积淀、教学经验、科研成果结合起来，将其系统化、科学化布局成篇，辅以一张张室内快题设计佳作，将这些内容全方位、多角度地展示在读者面前。相信本书的内容可以为大家解答关于室内快题设计的诸多问题。

那么，就让我们翻开这本书，用心研读和思考吧，如果此书能对各位读者有所启发，这将是我们最大的荣幸与期盼。

卓越室内考研教研组

目录

1

室内快题设计概述

1.1 基本概念

1.1.1 基本含义

室内快题设计是室内设计师快速表达方案的一种特殊形式，是指在有限的时间内完成方案立意、草图方案、方案深入的过程，要求能正确、完整地表达个人的设计想法和空间尺度，尽可能使画面完整、美观。一幅完整的快题作品是设计师综合能力的体现。

在室内快题设计中，由于时间限制，设计者要对设计表达有所取舍，并能保证画面的完整性和美观性。当然，这种取舍是建立在扎实的手绘功底之上的，如果徒有方案而笔不达意，那么效果也将不尽如人意。因此，室内快题设计考查的不仅是方案设计能力，还有手绘技能。

1.1.2 主要内容

（1）空间设计

空间设计是室内快题设计的基本内容，主要包括对空间的利用和组织、空间界面处理两个部分。空间设计的要求是室内环境合理、舒适，科学性与实用功能相吻合，并且符合安全要求。

空间的利用和组织要根据原建筑设计的意图和具体要求对室内空间和平面布局予以完善、调整和改造，对不同功能区进行合理连接，并合理安排交通流线。

（2）装饰材料与色彩设计

在室内快题设计中，选择装饰材料和色彩时，首先，要考虑其是否符合功能需求。不同功能空间对材质、色彩的要求不同，如在卧室、餐厅等家装空间设计中，多以暖色调为主——餐饮空间多用木质装饰材料。其次，要考虑设计是否符合主题思想。在快题考试中，往往会给出一个设计主题，这个主题就是考生设计思想的中心，需重点突出，而材质与色彩的选择是直观表现设计思想的一种方式。最后，要合理地利用材质和色彩的变化，极大地丰富和加强快题设计的表现力，在主色调确定的前提下，灵活、合理地选择各种适合主色调的辅助色系，并根据不同的装饰材料，努力营造主次分明的室内装饰色系，避免因色彩过多而导致设计主题不明确的情况发生。

（3）采光与照明

在进行室内照明设计时，应根据室内使用功能、视觉效果及艺术构思来确定灯光布置方式、光源类型和灯具造型。灯具的造型、尺寸、颜色要与室内的装饰、色彩、陈设等保持风格上的协调统一，从而强调整体的设计效果。

（4）陈设与绿化

陈设是指在室内除了固定于墙面、地面、顶棚的建筑构件和设备外的一切实用或专供观赏的物品。设置陈列品的主要目的是装饰室内空间，进而烘托和加强环境氛围，以满足精神需求。

室内绿化可以使室内环境生机勃勃，令人赏心悦目。最常用的绿化形式有盆栽、盆景和插花。目前，立体绿化也可以被运用到室内设计中，但成本非常高。在室内快题设计中，合理地选择绿化形式可以丰富画面层次、增强画面活力。

1.2 室内快题设计的意义

1.2.1 环境艺术设计专业考研的必考科目

在室内设计相关专业的研究生考试中，通常采用考查快题设计的方法来选拔学生，在最短的时间内考核学生的专业能力、手绘技能和应变能力。大部分高校在初试和复试中都会考到快题，极少数学校只在复试中进行快题考试，考试时间一般为 3 小时，少数学校为 6 小时。

1.2.2 设计公司选拔人才的常用方法

越来越多的设计院或设计公司都开始采用快题设计的形式考聘人才，择优录取，来充实一线设计队伍。这种选拔手段相对公平，能够在短时间内看出应试者的基本素质、图纸表达功底，以及培养潜力等。

1.2.3 普通高校环境艺术设计专业的必修课程

快题设计可以培养学生在短时间内发现问题、分析问题、解决问题的能力，以及图纸表达能力。快题练习与长周期的设计课程作业相互配合，能够丰富教学内容，提高学生快速设计不同类型室内空间的能力，同时，也为学生参加研究生入学考试、设计院招聘考试，以及毕业后参加相关职称考试打下良好的基础。

1.2.4 设计实践中的“得力助手”

手绘是设计师必备的一项技能，设计师可以用这种最快速的方法把想法和灵感表现出来，并及时记录稍纵即逝的设计灵感，提高客户的认可度。

1.3 评分标准

1.3.1 基本要求

（1）信息获取准确

在拿到考题时，需要第一时间对考题信息进行精确而又快速的处理，题目中要求的平面尺寸信息切记不可更改，对出题的重点要把握准确，了解出题者的意图，在此基础之上快速地在脑海中构思方案，将设计点贯穿在快题画面中，切记不能遗漏要点。

（2）空间功能布局合理

在有了明确构思的基础上，要针对题目要求对室内功能进行合理规划与布局。既要考虑功能的实用性，又要考虑其美观性。针对不同的功能区规划空间尺度和形状，利用交通空间连接各功能区，从而形成一个完整、合理、丰富的空间序列。

（3）手绘技能表达准确

拥有较强的手绘技能是绘制一幅优秀快题作品的前提，熟练而又精准的表达技法不仅能在考试中节省时间，更能为画面增光添彩，吸引阅卷老师的注意。徒有设计想法而无法在画面中表达出来是不可取的，因此，手绘技能是快题考试中的一项重要内容。

（4）基础知识掌握到位

快题设计除了要求美观、表达准确之外，还要具有实用性和合理性，要求设计者对室内设计的相关基础知识有一定的掌握，不能出现专业规范方面的失误。在考试中，有些主题性考题不会明确要求具体的制图规范与功能要求，但是考生也应当根据所设定的主题空间考虑人群需求和主题空间设计的基本规范，将快题中提炼的设计点完整、精确地表达出来。

1.3.2 计分标准

快题设计的计分标准与考研政治、英语具有很大差别，没有完全标准的答案，评卷过程具有很强的主观性。快题设计由每个学校自主命题，考试的具体要求也会因学校而异，但是大体上的要求是一样的。计分标准主要有如表 1-1 所示的几个方面（供参考）。

表 1-1　快题考试计分标准

总分	150 分
平面图（总平面图）	40 分
透视效果图	40 分
立面图	30 分
节点图	20 分
分析图	10 分
排版	10 分

在考试中，不同学校的绘图纸的大小也有差异，一般以 A3 纸、A2 纸最为常见；一些学校要求使用 4 开和 8 开素描纸；极个别学校要求 3—4 张 A3 纸，如上海大学、深圳大学等；还有要求 A1 图纸的，如中国美术学院。因此，在快题学习中要针对所考学校的要求，进行有目的的练习，根据纸张大小考虑排版的逻辑性，从而更好地表达设计点。

1.3.3 阅卷分档

阅卷老师在评分过程中，首先会把所有试卷进行分档，然后再确定具体分数。分档主要是根据画面的整体效果来判定的，因此，在快题设计中，卷面的整体效果至关重要。应当将设计点贯穿在画面内，让阅卷老师在快速评卷时领会快题中想要表达的设计思维，如果只是某一方面处理得很好，那就很难在画面整体性上对阅卷老师产生吸引力，从而在分档时不占优势。具体分数值及评分点如表 1-2。

表 1-2 分档标准及计分点

计分点	分数值			
	130—150 分（A 档）	110—129 分（B 档）	90—109 分（C 档）	90 分以下（D 档）
题意	完美切合题意	符合题意	基本符合题意	偏离题意
效果	完整性强	效果完整	效果基本完整	琐碎凌乱
布局	合理新颖	合理规范	基本合理	布局散乱
造型	实用、美观、突出主题	结构完整，符合题意	形体基本准确	结构混乱
细节	细节丰富精彩	画面整洁	表达主次分明	混乱、模糊

注：此表是根据多年的教学经验总结出来的，不能作为绝对标准，具体得分取决于学校要求和阅卷老师的要求。

各高校对试卷的评判标准会有区别，不同的老师对同一张卷子也会有不同的打分，以上内容仅是多年教学经验的总结，考生在确定考研院校后，可在学校的考试大纲中查找更详细、更有针对性的考核标准，并认真解读（图 1-1 ～图 1-3）。

******大学硕士研究生入学考试自命题考试大纲**

考试科目代码：502　　　考试科目名称：专题设计

环境设计

考试内容与考试要求

1）考试内容

1、室内设计方向

（1）依据命题给定条件，确定室内空间功能定位与布局，合理处理流线关系；

（2）室内建筑构件与空间界面的处理。

（3）室内风格与陈设。

（4）制图规范与效果图表现。

（5）空间尺度的准确性与细节处理。

（6）室内色彩搭配与材料使用。

2、景观园林设计方向

（1）依据命题给定条件，确定地形的空间功能定位与布局，合理规划人车流线关系；

（2）基地自然因素、硬质界面的处理，及景观设施、小品。

（3）空间的起承转接及景观手法的运用。

（4）制图规范与效果图表现。

（5）空间的整体性与局部细节处理。

（6）景观色彩搭配与材料使用。

2）考试要求

1、考核室内设计或景观设计的常规知识、技术要点及规范。

2、设计创意合情合理，具备一定的手绘表达能力。

3、具有依据客观条件分析空间现状、综合平衡各项需求的设计能力。

4、考试纸张、画板和手绘工具由考生自备。

图 1-1

******大学 2020 年全国硕士研究生入学考试**

《设计基础》考试大纲

I. 考试性质

全国硕士研究生入学考试是为高等学校招收硕士研究生而设置的。其中，设计基础是为设计艺术学学科实行的统一考试。其目的是科学、公平、有效地测试学生大学本科阶段专业课程中综合运用基础理论分析和解决实际设计问题的能力，评价的标准是高等学校本科毕业生能达到的合格或合格以上水平，以保证被录取者具有良好的专业设计水准并有利于学院在专业上择优选拔。

II. 考查目标

设计基础着重考查考生在艺术设计中运用基本知识、基本理论解决实际设计问题的能力，以及设计图面表达能力。

具体评价目标：

（1）认知能力。对主题的的性质、规模与特点的理解能力——正确、有一定深度；表现上体现出能动性，主题表现上有一定深度和创意。并具备独立围绕设计课题展开设计构思的能力。

（2）形态创造能力，以及组合和演化能力。设计能体现设计者的知识面、综合素养。所做设计要有新颖、独持的形态构思，要求设计定位准确。

（3）基本掌握艺术设计的原理与方法，了解其设计的原则、要求与程序，以及与其相关专业配合的知识。

（4）准确、恰当地运用所学艺术设计方面的专业知识，结合具体设计课题写出简明扼要、文字通顺、层次清楚，合乎逻辑的设计说明。

（6）在规定考试时间内完成规定深度和工作量的设计作品。

III. 考试形式和试卷结构

1、试卷满分及考试时间

本试卷满分为 150 分，考试时间为 180 分钟

2、考试方式:快题设计。

3、试卷结构

图 1-2

试卷分为统一命题。

各研究方向选择不同的答题结构方式进行答题：

A 环境艺术设计答题方式

专业设计 150 分，为中小型的环境空间设计。其中

平立剖面等视图占 30%；

效果图占 50%；

设计构思的文字说明占 10%；

版面总体效果占 10%。

IV. 考查内容

一、构思立意与设计定位：

1. 对设计考题的认识与理解，以及由此展开设计构思创意的能力

2. 通过考查考生对设计定位的把握，了解考生在具有专业设计的能力之外，对社会、市场等知识了解的宽广程度，以获知学生面对具体问题时是否具有创造性的思维。

二、设计的合理性与实用性：

1. 对考生在具体设计中的应用水平与设计能力进行考核。

2. 考察设计具有的实用性及可操作性。

三、设计表达的图面效果

1. 设计效果表现与绘图水平

2. 整个设计图纸中设计图形与版式的整体计划能力

四、设计说明的文字表达

考核考生设计说明的撰写水平与文化素质。

图 1-3

以图 1-1 和图 1-2 中的两所高校考试大纲为例，第一所院校对考试内容和考试要求进行了详细要求，但无具体的评分标准。第二所院校对各部分图纸所占分值进行了详细说明，对考查目标和考查内容做了详细要求。由此可见，不同院校的考试大纲要求有区别，但考查内容方向一致，都综合考查专业设计能力、表现能力和专业素养。考试大纲的要求多偏向开放式，无统一的标准，阅卷老师不会以一个标准答案去阅卷。快题是无标准答案的，大家在备考过程中要以院校考试大纲为参考，多方面备考。

2

室内快题设计方法

2.1 明确设计主题

设计主题如同作文的中心思想，是整个设计作品的灵魂。在室内快题设计中，通过对空间的设计可以直接或间接地将主题传达给受众，从而使受众产生一定的思想共鸣，让自己的作品在众多快题中脱颖而出。

2.1.1 主题分类

具象主题：主题的意思很明确，是一种看得见、摸得着的主题。如中国计量大学 2022 年考题，以竹文化为主题进行专业创作。此类题在设计思路上可以以竹子为设计元素，直接把竹子运用到空间中；也可以把竹子加工为其他造型，变为功能性的物体用于空间设计；更可以利用竹子纯洁、虚心、有节、刚直等精神文化象征进行主题思想的升华。

抽象主题：主题的意思不明确，可延伸的广度非常大。如北京工业大学 2022 年考题以“预见未来”为主题进行创作。此类主题的设计思路可以无限地发散，可以从未来科技的角度，也可以从未来乡村发展的角度进行主题创作。

2.1.2 如何表达主题

主题有具象和抽象之分，但在设计中经常遇到的情况是需要把主题概念转化成空间实体，设计者需对题目中所给出的信息进行整理、筛选、变化，这对很多考生来说是快题设计中的一个难点，不仅需要多看，还要多想、多画。

在进行主题设计时，可以从色彩、空间、造型等方面表达。以红色展厅快题为例（图 2-1），作品整

图 2-1

体采用红色，与红色展厅呼应，在空间造型上以红色丝带为设计元素。飘逸的红丝带贯穿整个空间，寓意团结向上的力量，人们的生活蒸蒸日上，国富民强。

2.2 搜集素材

搜集素材时要带有一定的目的性，从众多案例中挑选出优秀的作品作为借鉴，这是一个提升审美的过程。素材主要包括以下几个部分：平面设计、立面设计、顶棚设计、家具单体设计、整体空间氛围。在方案前期，可以把搜集的素材用手绘的形式表现出来，既能强化记忆，还能提升手绘技能，为后期的快题设计打下坚实的基础。很多人都很羡慕设计大师的手绘本，只要坚持下来，每个人都可以拥有一份这样宝贵的财富。

2.2.1 如何获取强“设计感”的素材

很多人都会苦恼于搞不明白什么是“设计感”，学过设计理论的同学应该能理解，设计与艺术最本质的区别在于其目的性。

设计以解决人与环境之间的关系为目标，但同时也具有艺术性，展现出来的作品既要符合功能需求，又要符合现代人的审美观念，所谓的“设计感”可以理解为一种既具功能性又具审美性的设计感受。由于每个人的审美存在差异，因此，没有一个具体的标准可以用来衡量“设计感”的好坏。

搜集素材是室内快题设计中的重要一步，是一个长期积累的过程，素材积累得越多，越有利于方案设计。切忌一味地临摹手绘书上的作品，因为手绘书上的作品在设计理念上滞后，很难让你在设计上有很高的突破。因此，关注最新资讯，多搜集素材是练习快题设计的一个重要方面。搜集素材的途径有如下几种。

（1）网络

设计类网站有设计本、花瓣、谷德设计网等。微信公众号有名师联室内设计智库、建 E 室内设计网、室内设计联盟等。还有许多设计类手机应用、微博等也是素材搜集的途径。除此之外，还可以去一些知名室内设计公司或事务所的网站搜集素材，如如恩设计研究室、吕永中设计事务所、上海萧氏设计有限公司、HSD 水平线室内设计等。

（2）书籍、杂志

除设计类网站之外，书籍也是获得资料的重要途径。相比于网络，书籍和杂志上的图片都是经过精心挑选的，可以节省一部分查找资料的时间，同时也能更好地解决考生难以辨别作品好坏的问题。可以从图书馆借阅或者购买相关书刊，如《室内设计师》、《室内设计与装修 id+c》、*INTERIOR DESIGN*（《室内设计》）。

（3）从生活中提取素材

平时可以多留意一些设计感较强的空间，如餐厅、书店等，并养成随时拍照积累素材的好习惯。通过亲身体验，提升对空间尺度、造型、质感、色彩的把控能力。

2.2.2 素材类型

(1) 家具软装

① 室内家具

家具作为人们生活、工作中必不可少的用具，除了满足人们生活的使用需要，还要满足人们一定的审美要求。在软装设计中，家具的地位至关重要，室内设计风格基本是由家具主导的。因此，在设计过程中，须着重考虑家具设计与整体空间风格的一致性。

家具的风格特点有许多种: 浪漫、华贵的欧式古典风格; 舒适、气派、实用和多功能的美式风格; 时尚、奢华、唯美的后现代风格；前卫、简单的现代风格以及中式风格等。家具的选择与陈设决定了人们在空间中能否生活得舒适、自在，精挑细选的家具、认真考虑过的摆放位置和方式能提高居住者的生活品质，不适合的家具与陈设会在很大程度上降低人们生活的舒适感。室内家具可以搭配一些软装饰品，丰富空间层次，提升空间品质（图 2-2 ～图 2-5）。

图 2-2

图 2-3

图 2-4

图 2-5

② 室内植物

在室内空间中，绿化植物具有以下作用：净化空气、调节气温；组织空间、引导空间；柔化空间、增添生机；抒发感情、营造氛围；美化环境、陶冶情操。家居绿化主要设置在玄关、客厅、卧室、餐厅、书房、厨卫、过道及阳台等空间。在进行绿化陈列设计时，需要在不同的空间中进行合理、科学的陈列与搭配，目的是营造舒适、宜人的空间氛围（图 2-6 ～图 2-10）。在空间的绿化技巧、创意等方面，设计的基本原则有如下几点。

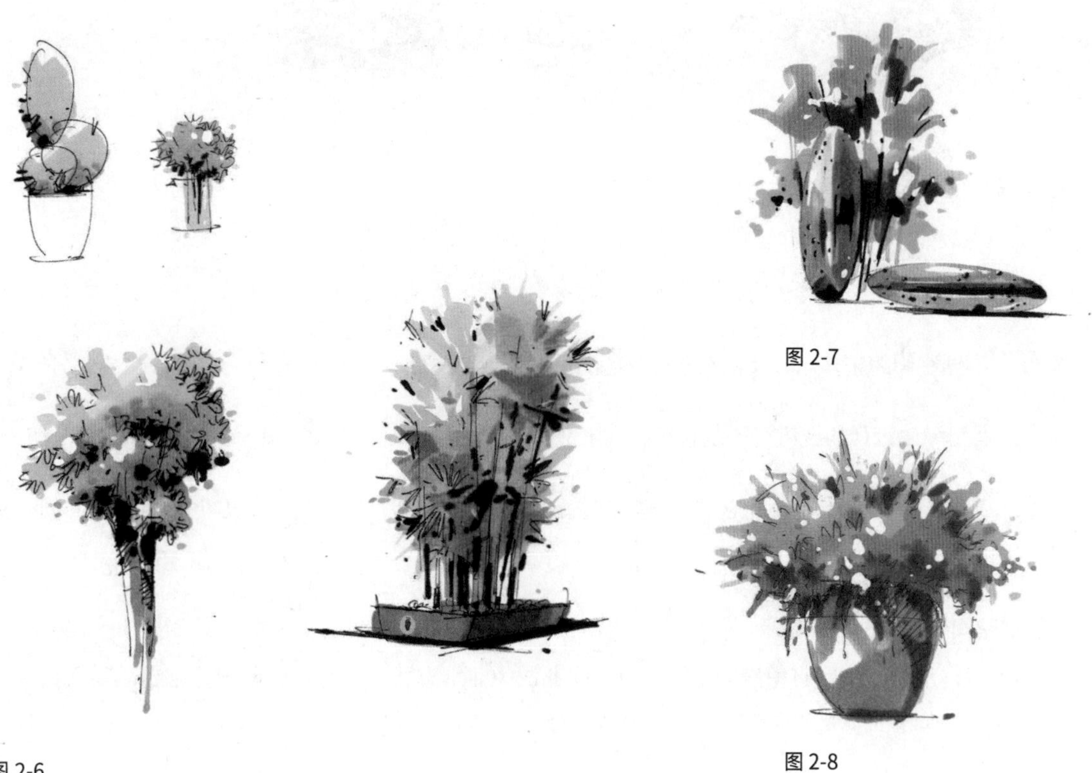

图 2-7

图 2-6

图 2-8

图 2-9

图 2-10

第一，按照“局部—整体—局部”的顺序，对室内空间进行结构规划。

第二，根据空间的整体风格及色系进行花艺的色彩陈设与搭配。

第三，运用绿化设计的技巧将花艺的细节贯穿于室内设计中，保持整体家居陈设风格上的协调、统一。

第四，要进行主题创意，使花艺与陶艺、布艺、壁画等饰品拥有连贯性，在美化室内环境的同时提升室内陈设质量。

（2）空间节点

空间节点是进行方案素材积累的重要环节，在考试中非常重要。平时可积累一些吧台、前台接待、门头橱窗等常用的空间节点（图 2-11 ～图 2-17）。

图 2-11

图 2-12

图 2-13

图 2-14

图 2-15

图 2-16

图 2-17

（3）造型小品

造型小品的实用性很强，如橱窗展示里可以用造型小品做软装搭配；大堂空间可以以某一室内小品做主题元素渲染；甚至当遇到室外的考题时，也可以把室内小品进行创意改造后放到室外。造型小品的素材可从风格造型、材质、主题等方面进行分类整理（图 2-18 ～图 2-24）。

图 2-18

图 2-19

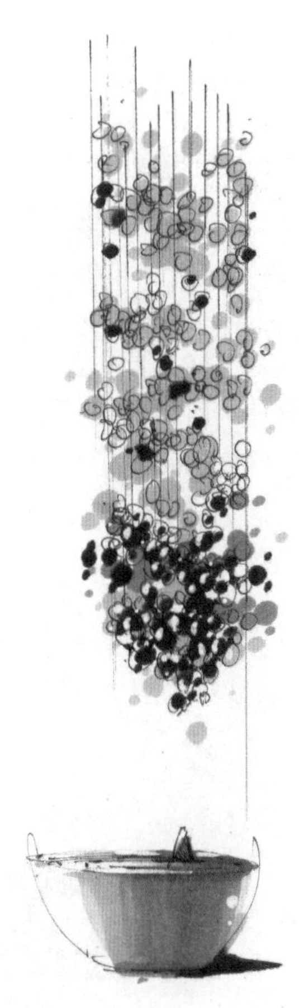
图 2-21

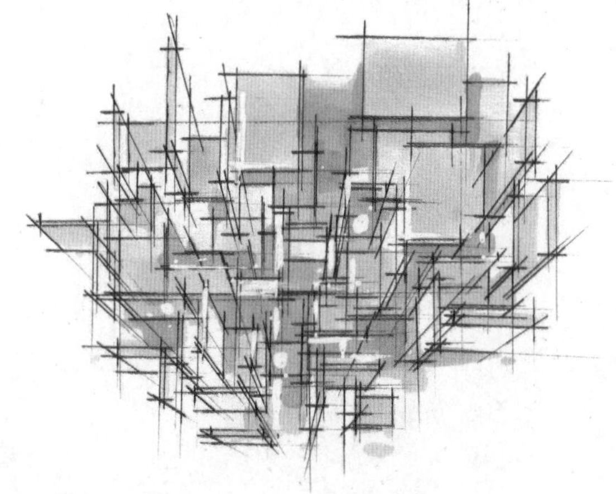
图 2-20

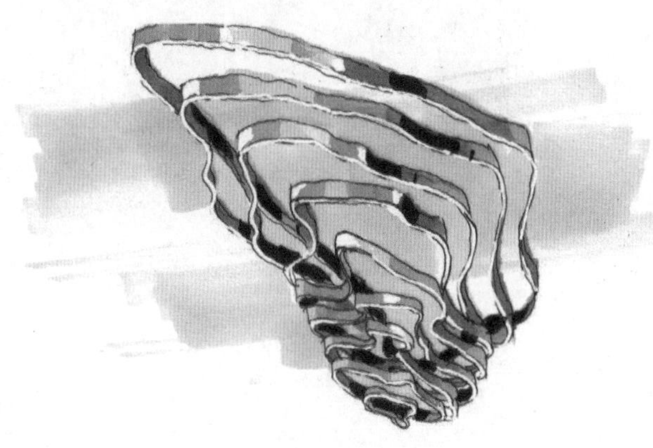
图 2-22

图 2-23

图 2-24

2.2.3 设计草图

草图表现是设计师必备的一项技能，是设计师表达方案构思的一种直观、快速而生动的方式，也是方案从构思迈向现实的一个重要环节。

草图表现具有快速、方便的优点，平时多做草图练习，对快题表现有很大帮助。草图表现不需要刻画太多的细节，只需要把整体大空间和各物体间的位置关系及材质表现出来即可。草图表现技法具有很强的灵活性，用草图笔、针管笔、铅笔、圆珠笔等都能表现出不同风格的草图，草图中还可以标注物体的材质、名称、具体构造方法等注释，丰富方案与整体效果。

在准备考试的过程中，多积累一些草图方案，可提升设计能力，增强自身竞争力。当前考研快题的趋势是越来越注重考查学生的设计能力，只有把手绘与设计完美结合才能做出更优秀的快题作品（图 2-25 ～图 2-34）。

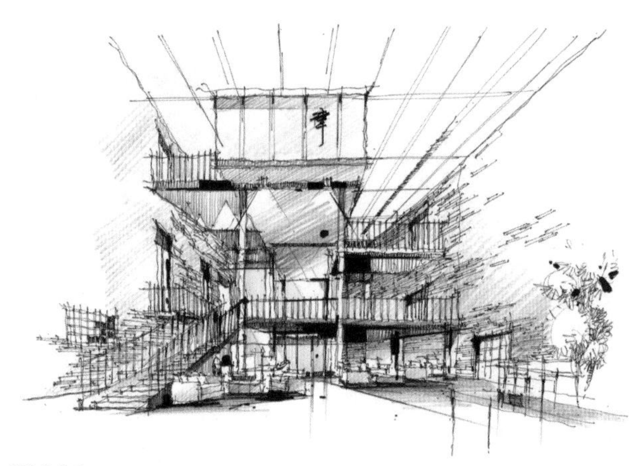

图 2-25

图 2-26

图 2-27

图 2-28

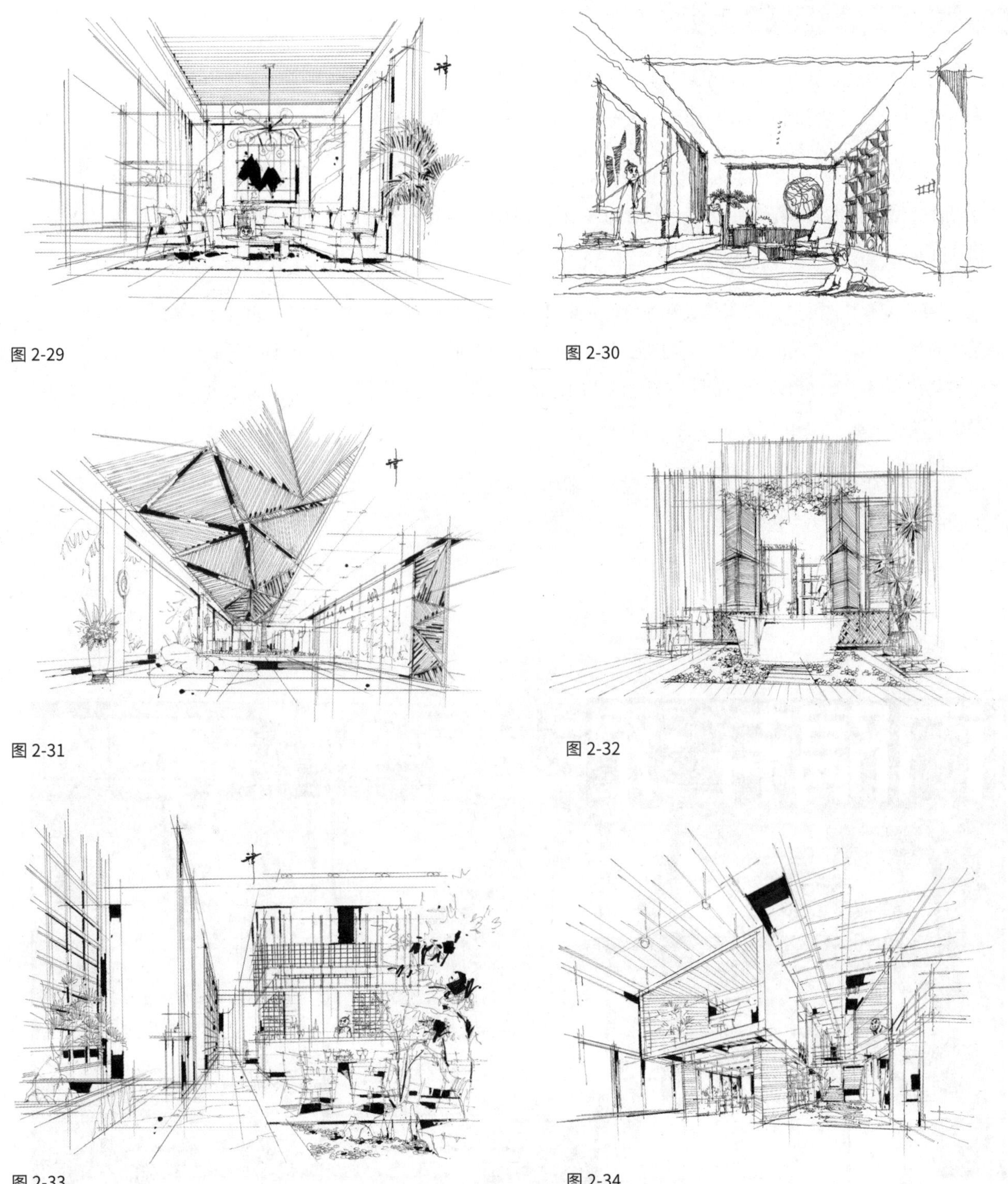

图 2-29

图 2-30

图 2-31

图 2-32

图 2-33

图 2-34

2.3 素材提取与运用

设计师的灵感来源于多年的积累与经验，对于考生来说，设计实践和知识积累相对缺乏，还没有很强的把控能力，因此，多学、勤思是现阶段的任务。很多考生在刚接触快题时不知道该如何下手，这是因为没有足够的经验。在此情况下可以采用借鉴的方法，将看过的设计项目方案中好的设计元素加以消化，运用到自己的快题设计中，这是初期学习较为有效的手段。

2.3.1 设计元素的直接提取与运用

设计元素的直接提取与运用是将生活中的某一元素直接运用到空间中，直观明了地突出主题。在构思的表述过程中，该元素在空间中的位置和大小要符合形式美法则，在绘制时，对造型能力要求很高，不能因为造型表达不到位而出现滑稽的方案效果。

图 2-35 为村民活动中心快题设计，此快题设计将乡村室外景观亭与山石作为室内空间造景，室内外空间相互贯通，既表达了设计主题，又创造了舒适的室内空间。

图 2-36 为餐饮空间快题设计，作者以凤凰为设计元素，将其作为主题元素直接运用于空间中，凤凰翩翩起舞的形态增添了空间的灵动性与氛围感。作为一个餐饮空间的设计方案，它既具有设计的形式美感，又在满足功能性和设计实施的可能性的同时，体现了项目的主题性及项目定位，快速、直接地表达了设计主题。

图 2-37 是民俗文化体验馆快题设计，以龙与醴陵瓷器作为主题元素，运用到空间及细节装饰上，增强了主题空间氛围，丰富了空间内容。

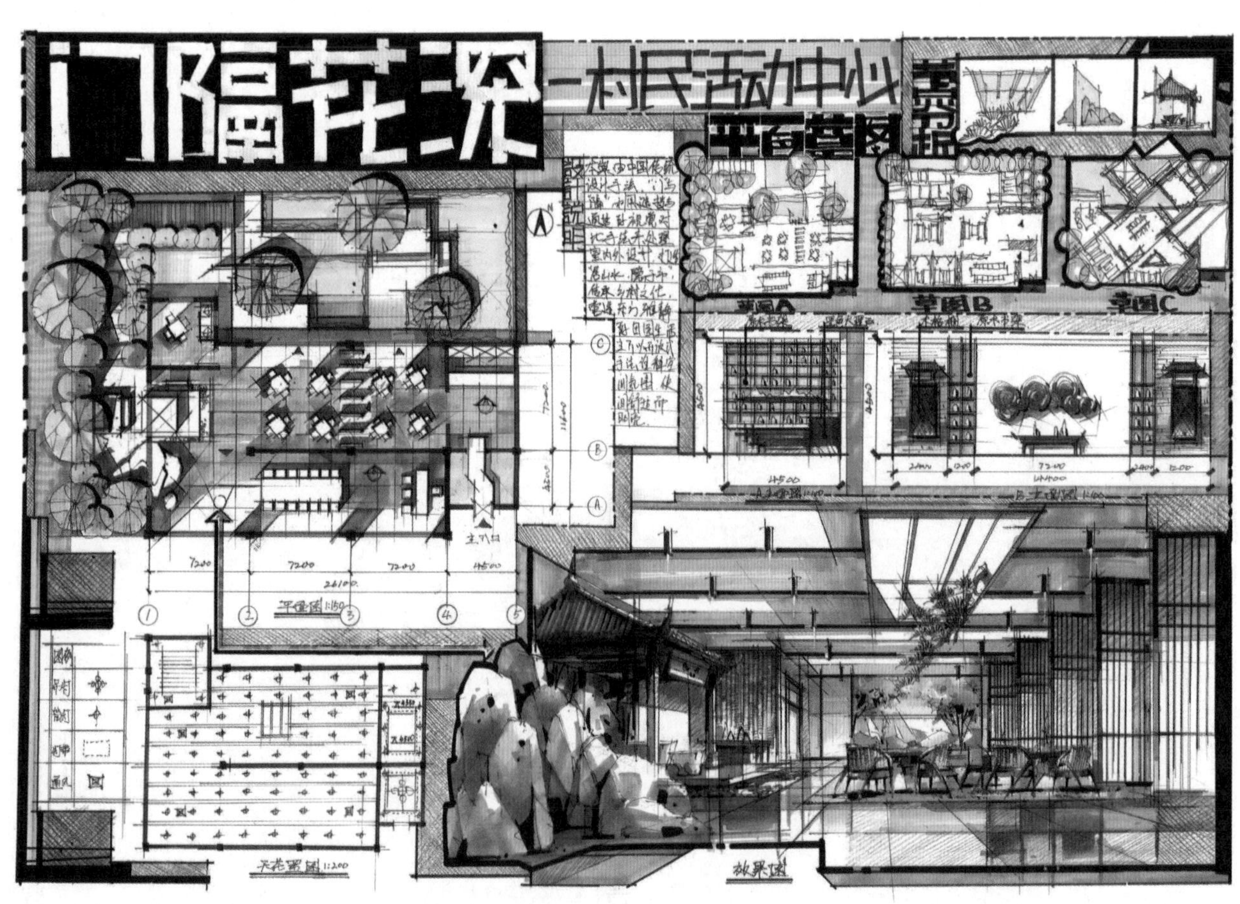

图 2-35

图 2-36

醴瓷湘韵中国龙
民俗文化体验馆
設計缘起
区位分析
湖湘文化
設計說明
元素提取
尺度分析
轴测分析
平面布置图 1:100
材质分析
建筑立面图 1:100

图 2-37

2.3.2 元素的重组、转换和再创造

并不是所有的设计素材都能直接用，为了让设计能更好地贴合空间的功能、大小及设计主题，很多设计素材必须经过重新组合、再创造才能使用。具体方法如下。

（1）元素放大

图 2-38 为丝绸之路文化馆空间设计快题设计。方案把飘逸的红色丝绸进行夸张、放大，并结合照明灯具，既呼应了空间主题，也增强了空间的趣味性。

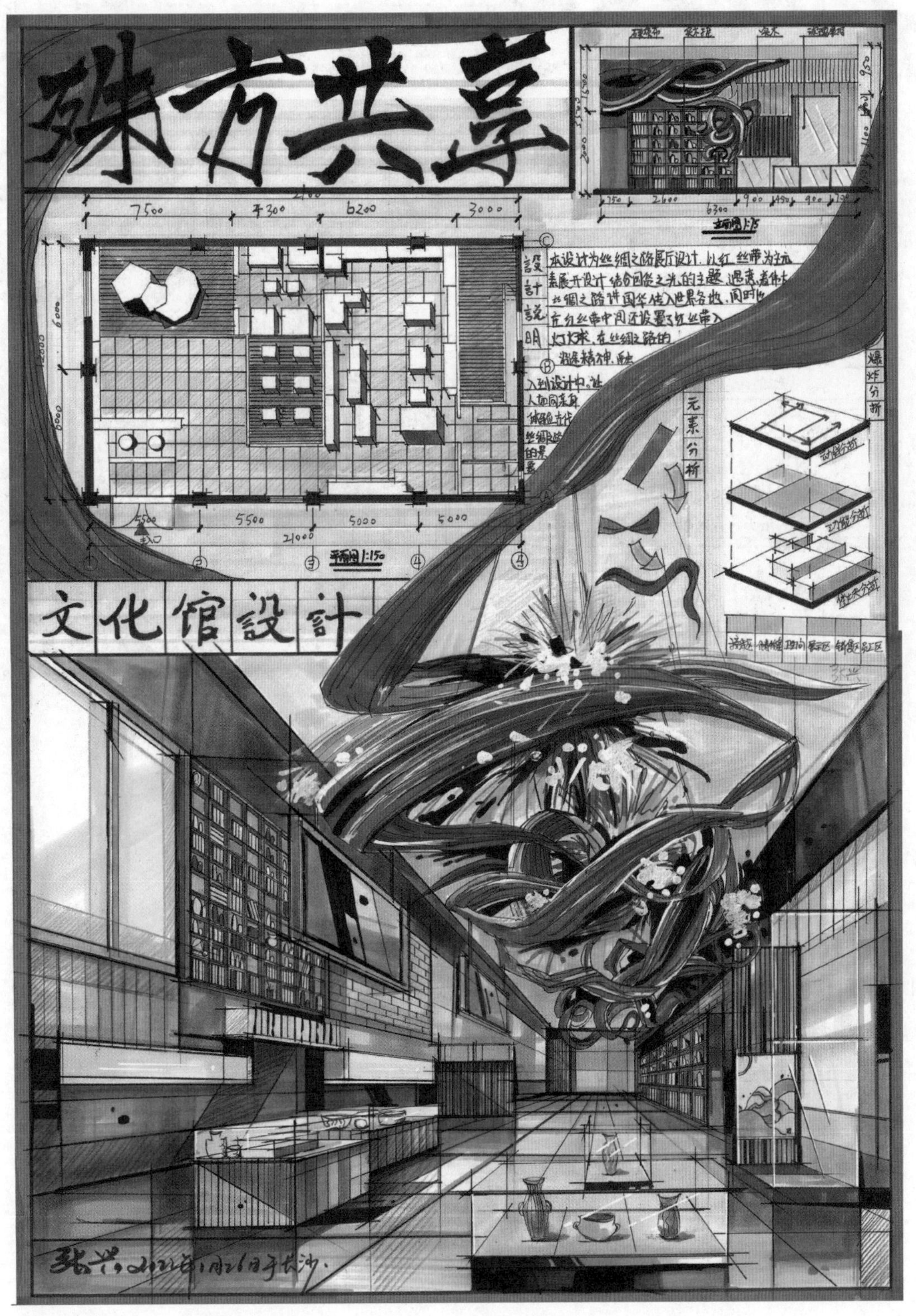

图 2-38

图 2-39 为国潮专卖店空间设计快题。方案以麻将为主题元素，把麻将牌放大，形成不同大小的空间盒子组合于空间中，丰富了空间层次，增强了空间的趣味性。

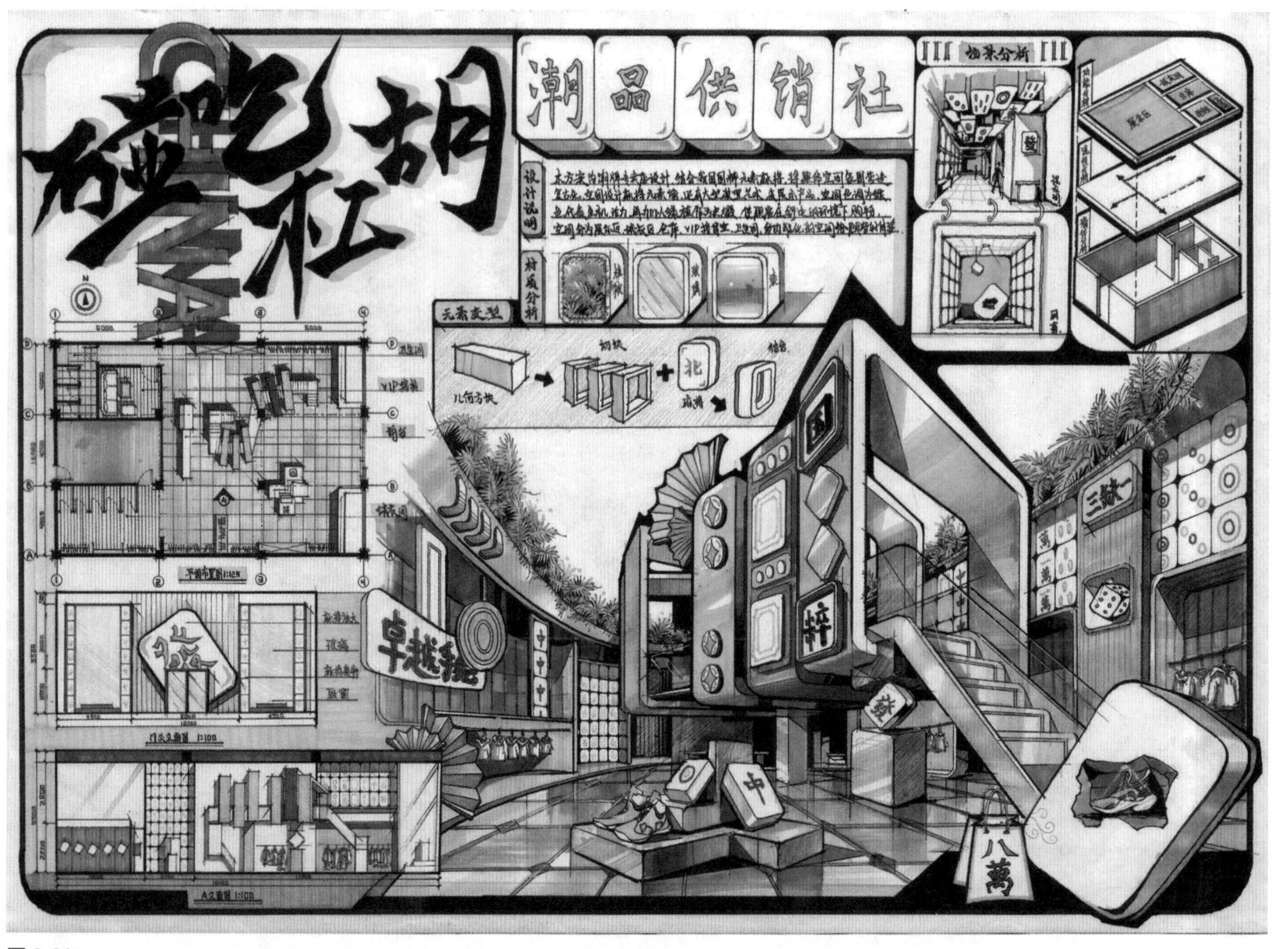

图 2-39

（2）元素变形

以图 2-40 为例，此设计方案为公寓。方案以丝绸及缕烟为设计灵感，将其抽象变形生成新的设计元素，贯穿于吊顶的设计当中，夸张、大胆，在具有视觉冲击力的同时，也点出方案的设计点在于提炼中式元素应用于空间当中。画面中又加入了各种中式元素的内容，使人能清晰、快速地理解该方案的设计想法，说明绘图者在快题设计过程中具有很强的独立思考能力，对待方案有自己独到的想法，这样在考试中基本不会出现“撞图”的情况。

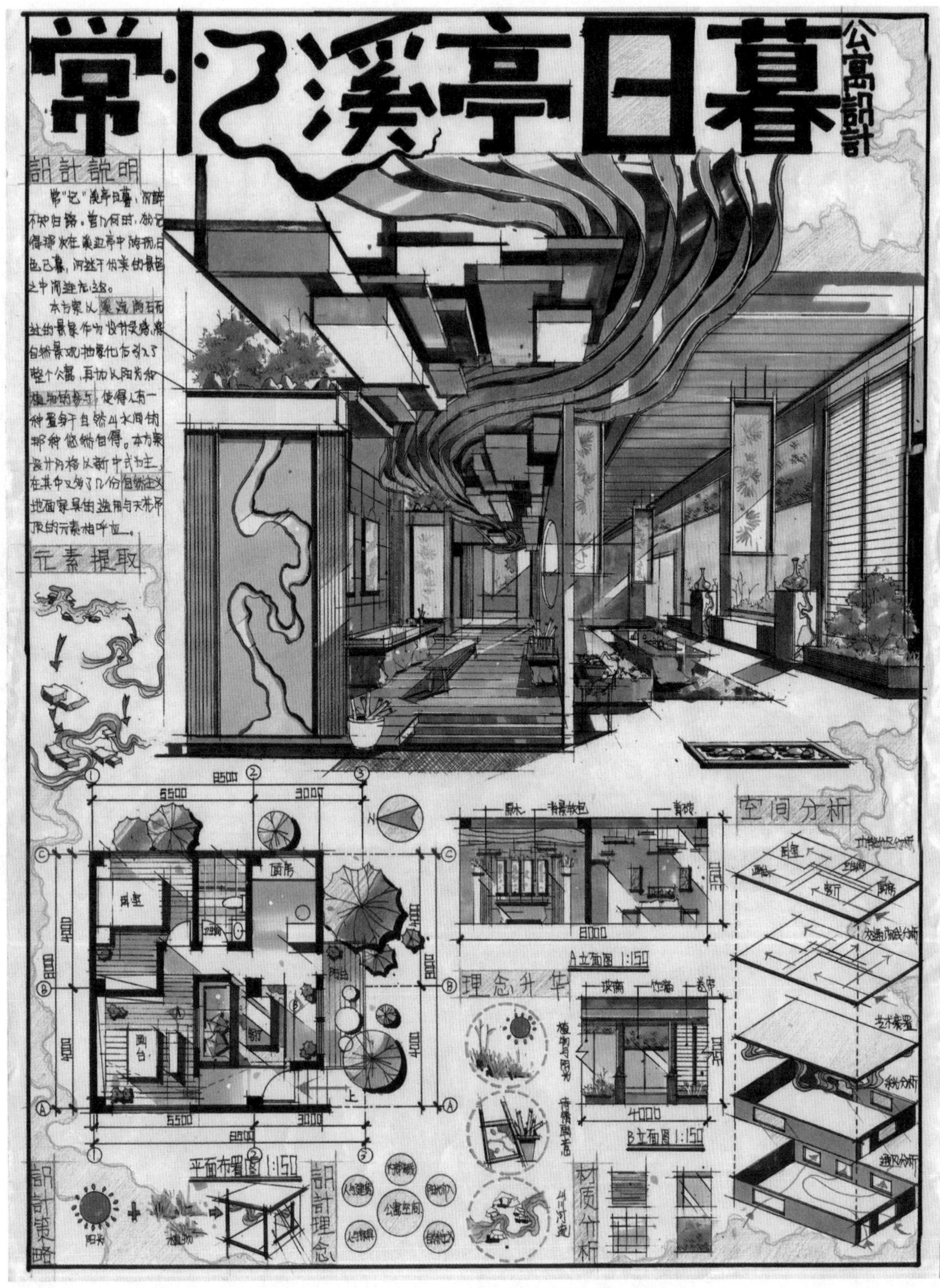
常忆溪亭日暮
公寓設計
設計說明
元素提取
空间分析
理念升华
A立面图 1:150
B立面图 1:150
平面布置图 1:150
材质分析
設計策略
設計理念

图 2-40

（3）元素重复

以北京冬奥文创专卖店设计的快题设计（图 2-41）为例，展柜展台的设计采用雪花的元素，进行反复堆积，营造出很强的视觉冲击力。在展示空间中需要有强烈的视觉点吸引顾客，这个快题作品很好地表达了展示空间主题下的空间需求设计。当然，在画组合类快题时也应当注意元素的大小、虚实的变化对比，以及透视组合。

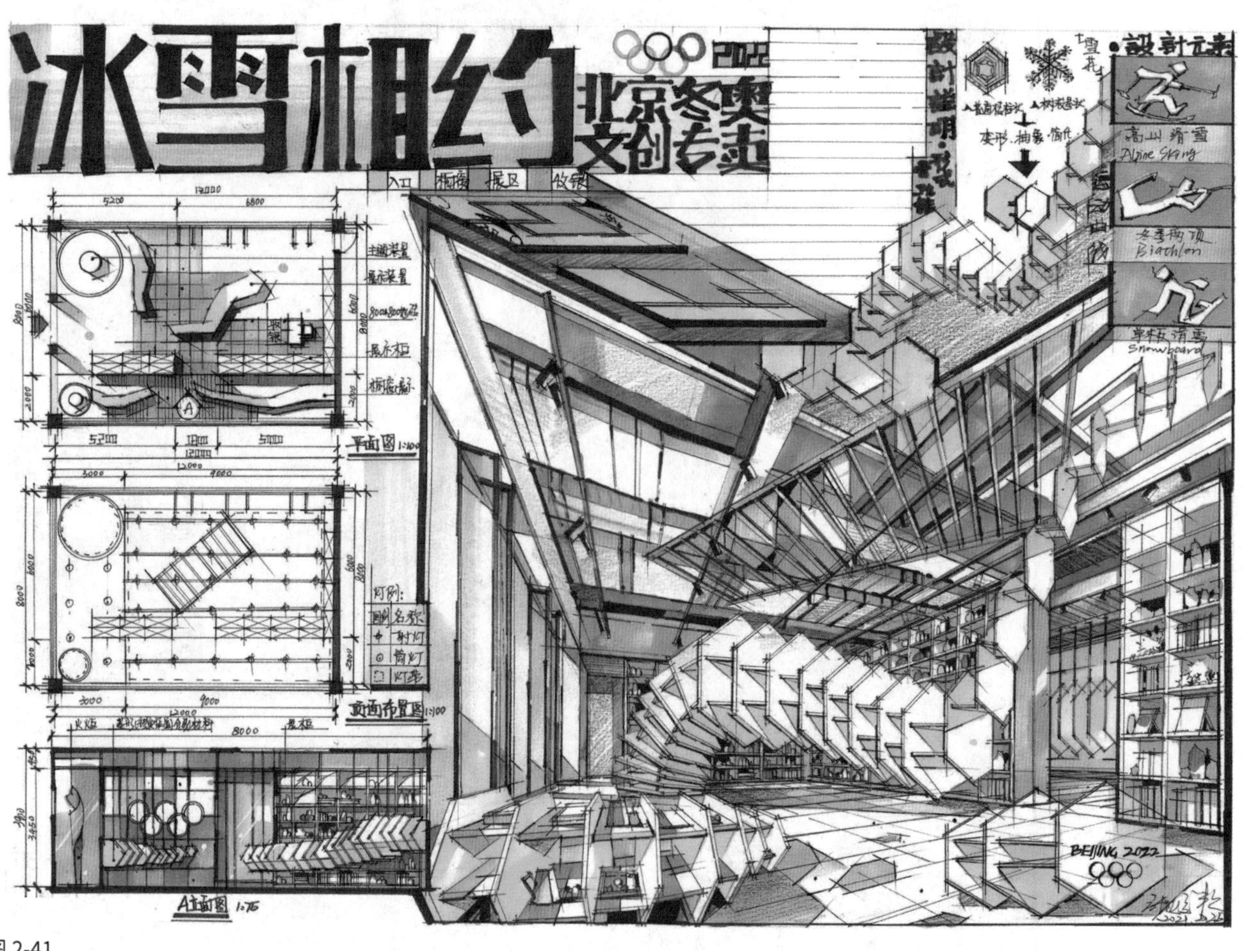

图 2-41

2.3.3 材质运用

装饰材料的颜色、光泽、质感、纹理、大小、造型等，能营造出不同的空间设计效果。根据室内空间功能，选择不同的装饰材料来烘托环境气氛是很有必要的。

以图 2-42 的家装空间中的卧室为例，空间中的编织软包床头立面、深灰色大理石卫生间墙面、木格栅、浅灰色大理石洗手台面、毛绒地毯、飘逸轻透的床帘等不同材质的组合搭配，使得画面效果尤为丰富，对比强烈，营造了很强的视觉冲击力。

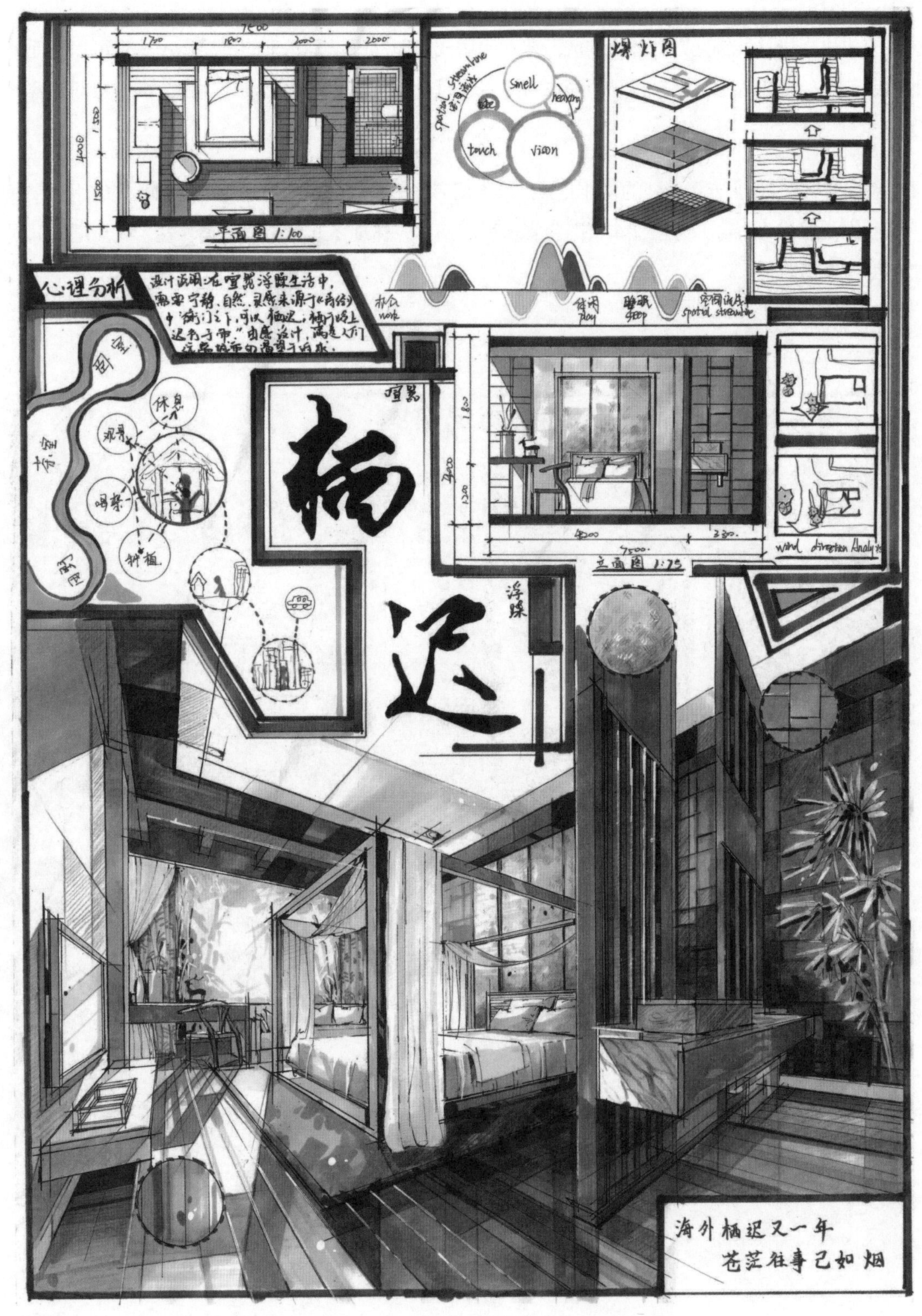

平面图 1:100
smell
touch
vision
爆炸图
心理分析
栖
迟
立面图 1:75
海外栖迟又一年
苍茫往事已如烟

图 2-42

2.3.4 空间体块

这里的体块指设计装饰元素的体块构成，与立体构成同理，可以是元素的直接运用，也可以是元素的重组使用，但最终通过重新排列，形成新的体块组合，从而达到呼应设计主题、丰富空间内容的目的。

图 2-43 的快题设计舍弃了强烈的设计元素，未采用夸张的设计造型，而是运用空间体块的组合，使得画面空间感耐人寻味，并搭配丰富的色彩烘托空间感，体现了儿童空间的趣味性，在点题的同时又显得与众不同。

图 2-43

2.4 室内快题设计原则

2.4.1 完整性原则

快题设计的完整性主要表现为三个方面。

（1）完整体现题目要求

在考试中一定要仔细阅读题目，标记重点要求，并在卷面中完整地体现出来，切记不能遗漏重点，因为任何一个遗漏点都会成为阅卷老师的扣分点，进而影响总分。在考研中，一两分的差距都能影响最终的录取结果。

（2）功能布局完整

在平面布局设计中，不同性质的空间具有不同的功能需求。在考题中应当考虑不同主题下人群对空间的需求，如对于展示空间来说，其过道尺寸有别于餐饮空间，这就需要考生发挥主观能动性，把平时学到的相关知识运用到考试中，这也是考查考生本科阶段的专业素养积累的方式。因此，考生须紧扣题目，对各功能区进行合理、完整的规划。

（3）画面效果完整

画面效果的完整性在考试中也尤为重要，在考试中不能因对某一部分进行着重刻画而忽略了画面的完整性。后面的章节中会讲到考试时间的分配问题。在考试中，无论题目难易都要尽量完成整个快题，尽可能地将思路完整地表达在画面上，不能半途而废。

2.4.2 整体性原则

画面的整体效果突出是获取高分的先决条件，整体性原则主要体现为以下几个方面。

（1）设计的整体性

室内快题设计主要由平面图、立面图、效果图三大部分组成，这三种主要图纸在风格、表现技法、色调上都要协调、统一。平面图要主次关系明确，各功能空间既要有相对的独立性，又要有一定的连贯性，从而达到和谐、统一的状态。在考试时，须考虑设计点是否都已表达在画面的各部分上。在效果图的表达与设计上，要突出设计主题，注重软装与硬装风格搭配的统一性。立面设计表现要与效果图一致，立面图与效果图应为一个有机整体。

（2）构图的整体性

完整、漂亮的排版与构图能为试卷加分，在构图上要考虑不同重要程度的图在画面中所占的比例，做到主次分明，突出视觉中心，引导阅卷老师的惯性思维顺序。在排版中，还可以通过标题、分析图、设计说明等次要构成要素来衔接各画面要素，注意画面秩序感。

（3）表达的整体性

在表现技法上也要统一，每张图纸之间的技法要和谐、一致，如果效果图使用马克笔表现得很精细，而立面图、平面图采用彩铅淡淡地画了一层固有色，那么画面整体的效果就失去了平衡，显得头重脚轻，整体效果弱。

2.4.3 准确性原则

（1）准确理解设计要求

一些学校的考题会对平面图的尺寸、形状、柱网和窗户位置、入口位置、周边环境、层高、主要功能区、设计主题都有较为详细的要求，在答题时必须严格遵循这些要求，进行合理设计。在只给出设计主题的情况下，可以自主定位功能空间，把设计主题明了、准确地体现出来。

（2）技法表现的准确性

首先，不同氛围的空间在色调上的要求不同，如酒吧与书吧就需要利用不同的色调，表现出两种完全不同的氛围；其次，不同材质的表现方式也会有所区别，以地砖和地毯为例，地毯所需的柔软质感与地砖所需的坚硬质感形成对比，玻璃的强反光与亚光材质的表现技法也有所差别，因此在技法上需加强基础练习，到考试的时候才能准确处理不同材质之间的区别；最后，在技法上还有一个困扰许多考生的问题，就是笔触大小和位置很难控制，容易出现表现粗糙、不准确的情况，尤其在素描纸上更不好把握。解决这一问题需要考生多练习，熟能生巧。

2.4.4 凸显性原则

目前，考试试题越来越灵活，单凭几个模板来应对考试已经不具竞争力。因此，在快题设计中，应在掌握基础技法的前提下，在设计上凸显主题和考生个人的设计想法，在设计风格上可更偏向于所考学校偏爱的风格。一般八大美院的考题难度偏大，非常注重考生设计思维的灵活性和创新性。一般综合性院校目前还是比较倾向于中规中矩的风格，但也不能忽视方案设计的重要性。

2.5 室内快题应试方法

不同于高考，考研的淘汰率更高，挑战性更强，考生要经历一场孤独的复习之旅，这就需要考生具备强大的自制力。室内专业快题的考试时间为 3—6 小时，要在这么短的时间内完成一套完整的方案是有一定难度的，考生需要具有很强的反应能力和表现能力。在考试中难免会产生紧张情绪，考生需要做好充分的考前准备，在考试中保持最佳状态，将自己的最佳水平发挥出来。

2.5.1 考前心态调整

心态是影响考试结果的一个重要因素，无论是 3 小时快题，还是 6 小时快题，考生都会面临巨大的时间压力。快题设计与其他科目不同，具有很强的主观性，对于同一个题目，考生们给出的答卷都千差万别，即便是同一个人在不同心理状态下给出的答卷也会有所差别。因此，在考前一定要进行系统的设计构思训练、技法训练和速度训练，这样更利于保持良好的心态去应对考试。在考试时要沉着冷静，仔细审题，发挥出自己的正常水平。同时，考前要休息好，注意饮食，保持良好的身体状态和心理状态。

2.5.2 工具准备充分

工欲善其事，必先利其器。好用的工具直接决定了画图的效率。在考试时一定要选择平时练习中用得熟练的工具，以防在考试途中因工具影响作图速度和质量。下面介绍一些常用的工具。

（1）铅笔 / 自动铅笔

在打稿时下笔不要太重，否则最后擦铅笔线的时候会擦不干净，甚至还有可能把纸擦破。因此，不要选择太软的铅笔，如 2B、4B 铅笔等，推荐使用自动铅笔，或者带有底色的彩色铅笔。

（2）绘图笔

上墨线是快题设计中最重要的一个步骤，常用的墨线工具有设计家针管笔、晨光签字笔、钢笔等，针管笔一般选择 0.1 mm、0.3 mm、0.5 mm 三种型号。根据线稿的精细程度和制图规范选择使用不同粗细的笔。通过改变线条的粗细，交代物体之间的前后关系和虚实关系，增强画面的生动性，但因考试时间有限，需要使用粗号的针管笔加强画面的视觉效果（图 2-44、图 2-45）。

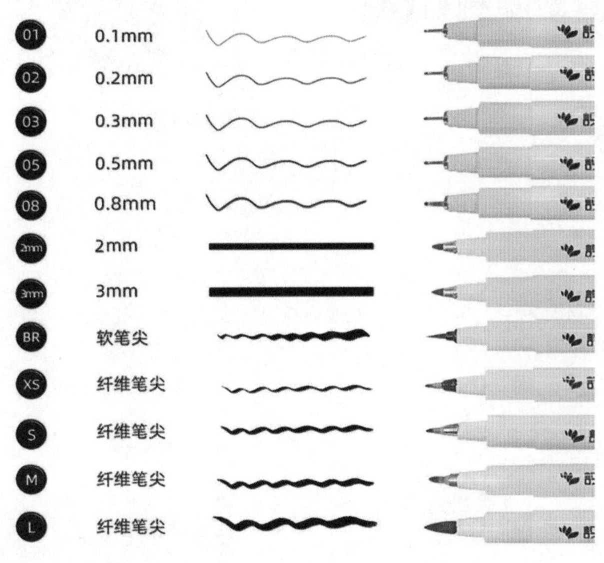

图 2-44

图 2-45

（3）马克笔

马克笔是快题设计上色时常用的工具，具有携带方便、上色快等优点。马克笔的品牌有很多，颜色差别很大，价格也千差万别，要尽量避免使用高纯度的颜色。大家可根据自己画图的习惯选购（图 2-46、图 2-47）。

图 2-46

图 2-47

（4）彩铅

彩铅在马克笔绘画中一般用于后期调整，即对物体材质的刻画，对马克笔颜色无法实现的细节的颜色变化进行完善与补充等。建议选择质感偏软的彩铅（图 2-48、图 2-49）。

（5）绘图纸

在大部分考试中都是学校提供纸张，个别学校需要考生自带绘图纸，考生须阅读相关文件了解纸张的要求，在考前做好充分准备。有些学校提供素描纸，考生要在考前加以练习，以适应考试纸张。

（6）相关尺规工具

在考试中能否使用尺规一般是不做要求的，考生可根据作图习惯准备好三角板、比例尺、圆模板等工具。室内快题考试常用比例为 1 ： 25、1 ： 50、1 ： 100、1 ： 150、1 ： 200，考试中尽量选择大比例尺，能节省算比例的时间（图 2-50、图 2-51）。

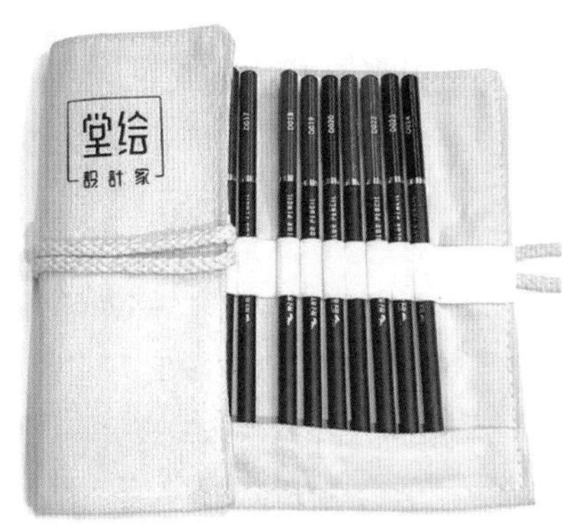

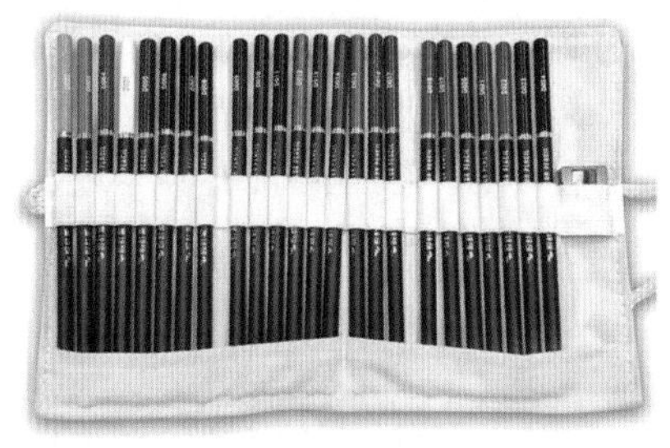

图 2-48

图 2-49

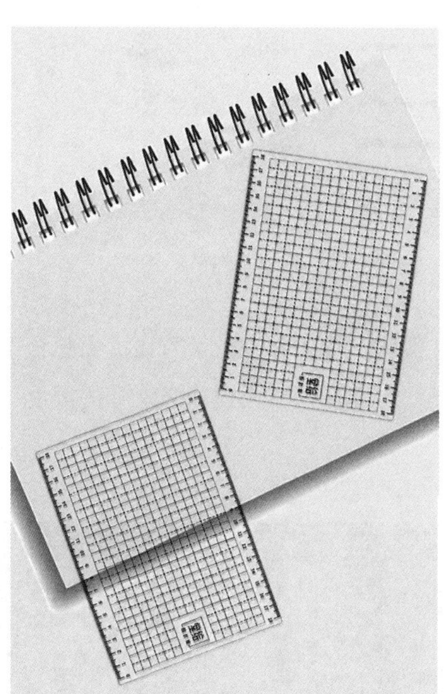

图 2-50

图 2-51

2.5.3 考试时间分配（表 2-1）

第一，要养成良好的审题习惯，不可偏题、跑题，不能遗漏题目要求，千万不要等到完成或者完成了一大半才发现问题。

第二，思考方案的时间要严格控制在 30 分钟之内，如果实在没有新的灵感，可运用考前积累的模板，一边画，一边按照命题内容进行修改、推敲。

第三，由于时间限制，考生要自行控制上色的时间与色彩量。快题不需要画得和临摹照片一样细腻，将基本明暗关系、色彩关系表现清晰即可，在此基础之上能添加点睛的笔触和色彩就更完美了。“七分线稿三分上色”，多用线稿表现体量明暗关系，多在线稿上下功夫，细致刻画结构线条，这样即便只是用简单的色彩也不会影响画面的完整性。

第四，快题考试既是体力活也是脑力活，要带好绘图工具，同时也不要忘了补充体力的食物、水。每画完一个步骤喝点水，可以缓解紧张的心情。有些学校的快题考试中途有休息时间，考生可利用这些时间重新检查或审题。

第五，无论时间是否充足，最后都要留 5—10 分钟的时间检查画面，如是否填写好考生信息，比例尺、标注等制图规范是否有遗漏等。

表 2-1　考试时间分配

步骤	不同类型考试所需时间		
	3 小时快题	4 小时快题	6 小时快题
审题	10 分钟	10 分钟	10 分钟
构思方案	10 分钟	20 分钟	20 分钟
画平面线稿	30 分钟	50 分钟	60 分钟
画剖、立面线稿	20 分钟	20 分钟	60 分钟
画效果图及其他	40 分钟	60 分钟	90 分钟
整体上色	60 分钟	70 分钟	110 分钟
检查（考卷填写、查缺补漏）	10 分钟	10 分钟	10 分钟

2.5.4 考试绘图步骤

第一，审题，认真阅读题目，对关键词进行标记，以防在绘图过程中遗漏题目要求。

第二，先用铅笔在纸上写下思路，然后在卷面上轻轻勾勒出各图纸内容的摆放位置，注意排版，并构思平面设计草图。

第三，构思完毕后，用泡泡图的形式在平面图上进行简单的功能分区（区分动静空间），用铅笔勾勒出效果图、立面图、顶棚的草图。

第四，深入完成平面图、立面图、剖面图、效果图，用墨线勾勒。完成平面标注，包括尺寸、轴线、材质、功能、图名、比例尺等。

第五，初步上色，完成明暗关系；进一步上色，保持整体效果，完善细节，表现出不同材质的质感，并且用黑色马克笔在平面图上绘制物体投影，增强层次感；最终上色，加强细节处理，在高光处用涂改液与提白笔适当上一些颜色。

第六，写设计说明，完善分析图等小图，并检查和完善图名、比例尺、尺寸、标注等。检查姓名，对照考试要求查漏补缺。

绘制步骤示范如下。

确定排版与各图纸内容的位置。用铅笔轻轻勾勒，用矩形概括大小与位置（图 2-52）。

细化铅笔稿。无须刻画细节，把基本的方案内容、透视关系、细节体块的位置与大小画出即可(图 2-53)。

绘制墨线稿。根据自己的绘图速度来刻画线稿细节，线稿内容越丰富，上色越简单。制图规范细节与线稿一并完成（图 2-54）。

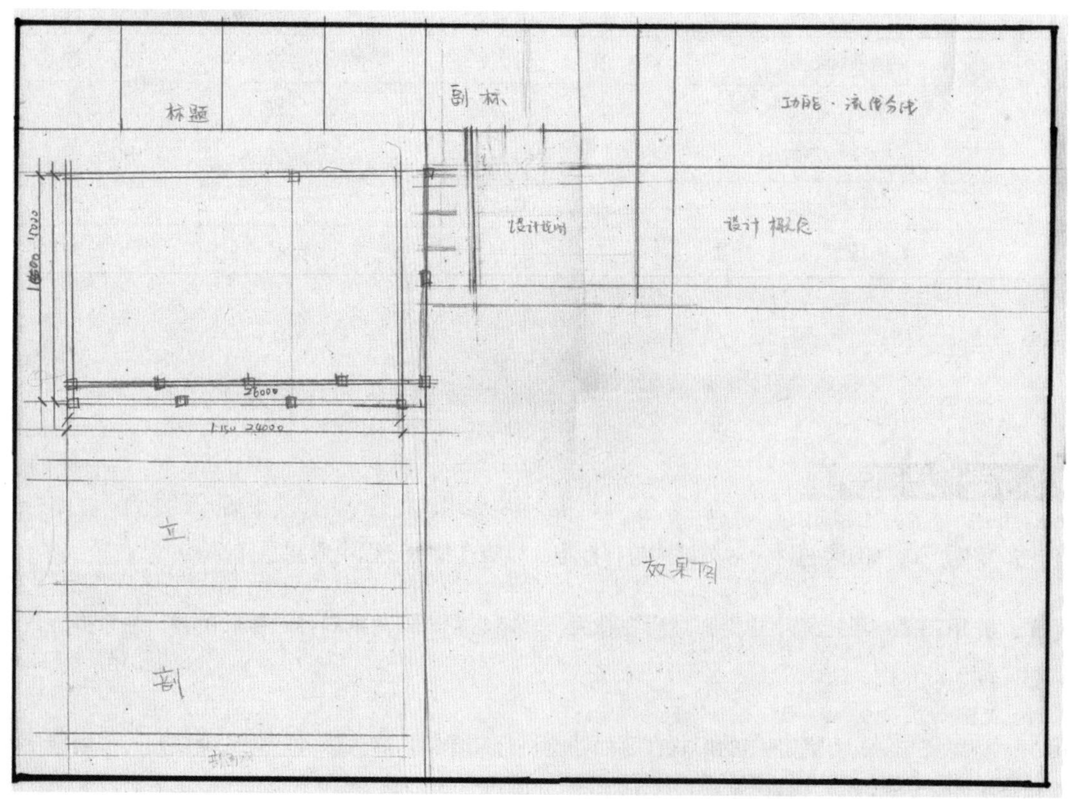

图 2-52

图 2-53

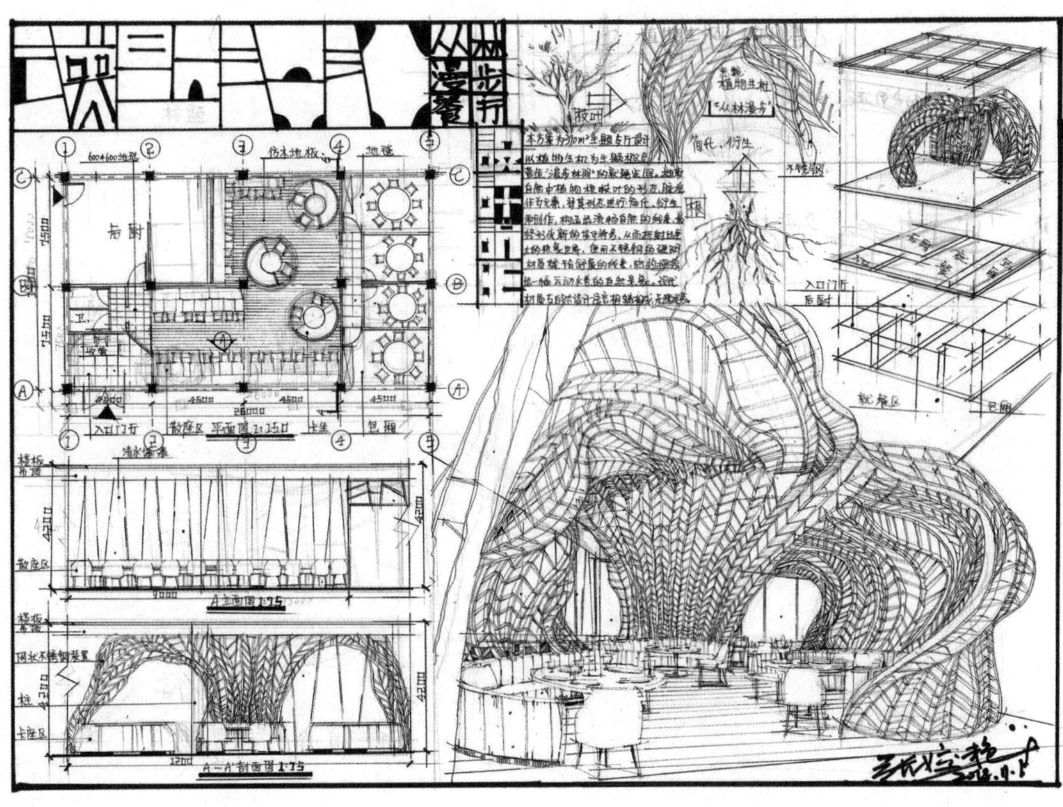

图 2-54

绘制上色。减少颜色反复叠加，通过留白与压黑，增强明暗层次感与空间层次感（图 2-55）。

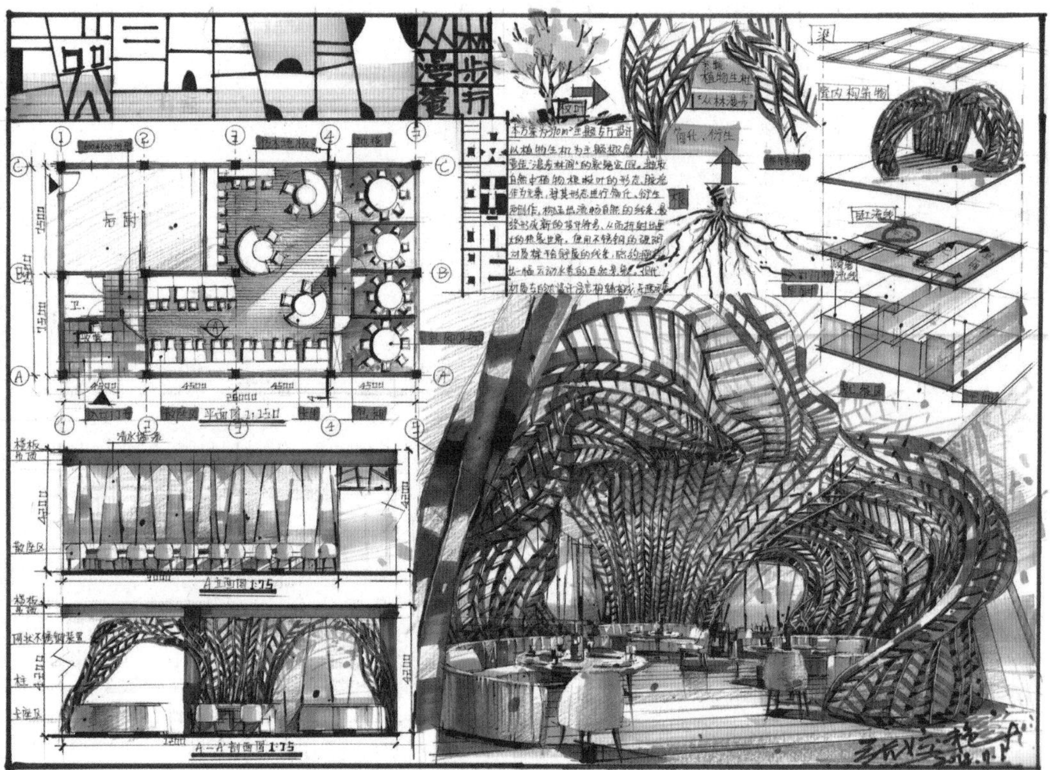

图 2-55

3

室内快题主题空间

3.1 家装空间快题设计

3.2 餐饮空间快题设计

3.3 办公空间快题设计

3.4 展示空间快题设计

3.1 家装空间快题设计

家装空间在各高校的快题考试中不多见，考家装空间的高校主要是中南林业科技大学。相比于工装空间，家装空间面积小，考试范围更好把控，因此备考相对轻松。

3.1.1 客厅、会客厅

客厅是家居空间中与居住者互动最多的空间，集交流、放松、聚会、娱乐功能于一体。客厅也是家居空间设计的重点区域，须精心设计、精选材料，以便充分展现主人的审美品位。客厅中主要的家具有沙发、茶几、电视柜等，客厅的大小决定了沙发的尺寸及形式。

会客厅顾名思义就是接待客人的地方，其设计方法与客厅相似。会客厅的风格展现了主人对客人的态度，其中中式风格在会客厅设计中广受青睐。中式风格会客厅一般采用中国传统的对称式布局方式，气氛庄重，位置的层次感强。使用挂画、屏风及收藏品等装饰物能增强会客厅氛围，丰富空间层次。会客厅与客厅的设计要点相近，会客厅更显端庄、严肃。

（1）设计要点

第一，客厅位置一般离主入口较近，为避免他人一进门就对室内一览无余，入口处多设置玄关。

第二，沙发区最为重要，沙发的造型和颜色会直接影响客厅的风格，因此沙发的选择十分重要。

第三，如果要在客厅放置收藏品、书籍或装饰品，框体大小要按照客厅面积的实际情况设计，一般靠墙而立较为节省空间。

第四，视听娱乐区是客厅的一个重要功能区，它的设计要考虑到许多方面，如电视屏幕与座位之间的距离、角度和高度，电视灯的位置，音响设备与家具的位置等。无论快题设计多么标新立异，都要遵循这些标准规范。

（2）快题点评

如图 3-1 ～图 3-4。

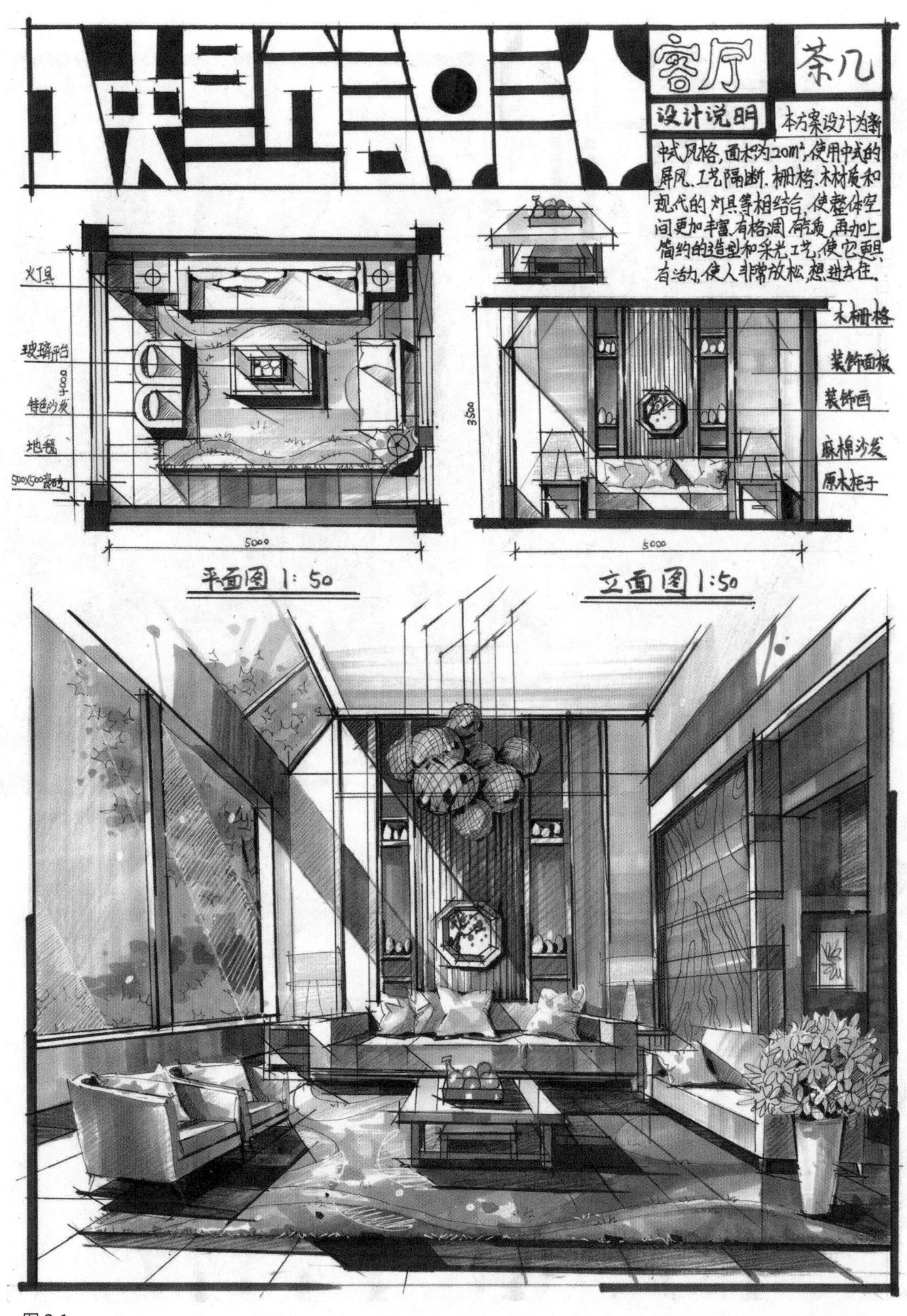

图 3-1

● 优点：该设计中对材质的选择及材质纹理的表达很好，并在空间中使用了软装饰品及植物，让整个空间氛围与内容感非常完善、丰富；技法表达熟练，家具单体塑造到位，平面图、立面图、效果图统一且丰富。

● 缺点：设计说明文字少，一般应不少于 200 字。构图排版不够饱满，家具分析应用更多版面加以分析，在构图的时候一定要考虑到位，不能在后期发现空白位置时，通过一个小画面来填补。优秀的构图是基础，会让快题内容呈现更好的视觉效果。

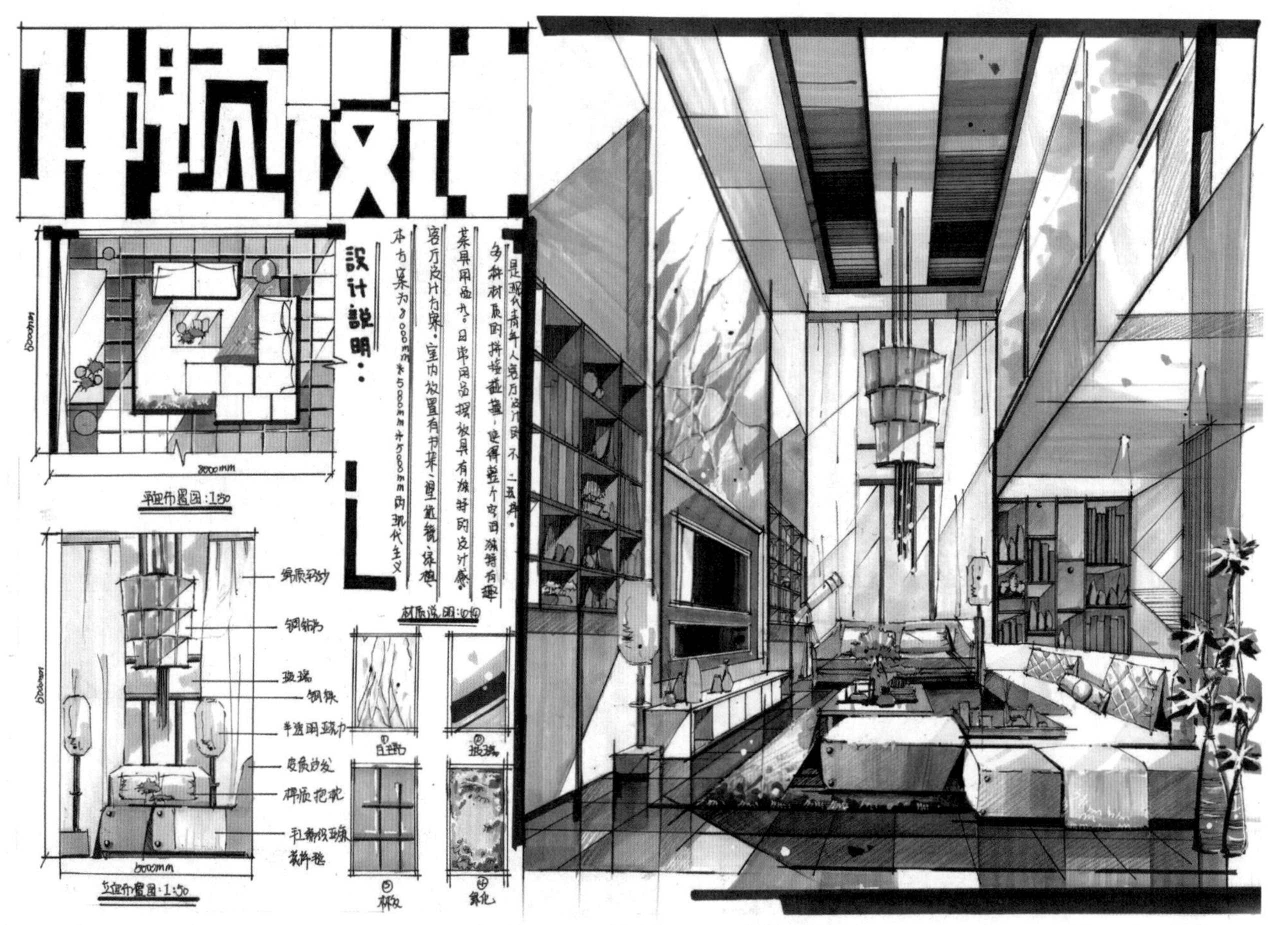

图 3-2

● 优点：该方案效果图采用了竖构图，凸显了空间层高的高挑。考生可根据各自空间形态进行表达，凸显该空间特点即可。

● 缺点：立面图尺寸（宽度 5000 mm）有误。

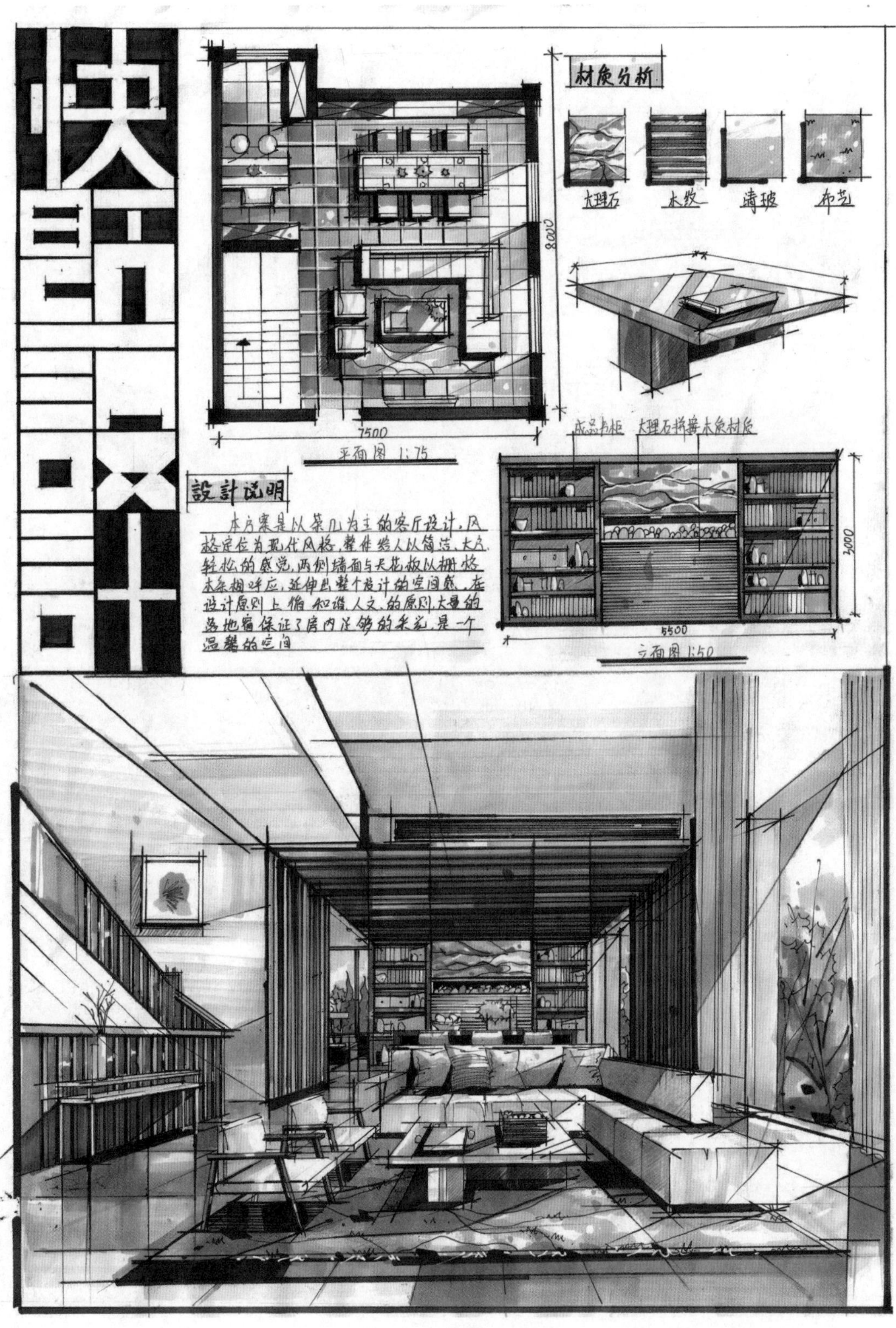

图 3-3

● 优点：空间感强，侧向用楼梯的设计对空间进行拓展，丰富了画面效果。

● 缺点：效果图中立面形式相对单一，只有木质格栅，应增加相对丰富的材质与结构造型；茶几设计缺少对尺寸等的分析，导致画面构图留白处相对空洞。

图 3-4

● 优点：空间内家具材质塑造丰富，光影关系强烈，颜色搭配突出，具有视觉冲击力；构图排版规整，内容饱满。

● 缺点：绿色在排版部分作为主色调，在效果图部分却只作为点缀色使用，应当加强绿色的运用，以保证整体画面颜色的统一性。

3.1.2 餐厅

在设计餐厅时需要考虑其与厨房的关系，厨房有开放式和封闭式两种，一般中式厨房多为封闭式，更有利于客厅的设计表现。

（1）设计要点

第一，餐厅可以单独设置，也可以设计在起居室靠近厨房的一隅，在设计上可以通过人为手段划分出一个相对独立的就餐区，如通过顶棚使就餐区的高度与厨房或者客厅不同；通过地面铺设不同色彩、不同质地、不同高度的装饰材料，在视觉上把餐厅与客厅或者厨房区分开；通过不同色彩、不同类型的灯光来界定就餐区的范围；通过屏风、隔断在空间上分隔出就餐区等。

第二，使用方便。除餐桌、餐椅外，餐厅还应配置餐饮柜，用来存放部分餐具、酒水饮料及酒杯、启盖器、餐巾纸等辅助用品，既方便又能起到装饰作用。

第三，色彩要温馨。就餐环境的色彩配置对人就餐时的心情影响很大。餐厅的色彩宜以明朗、轻快的色调为主，最适合的是橙色系列的颜色，能给人以温馨感，刺激食欲。桌布、窗帘、家具的色彩要搭配合理。灯光也是调节色彩的有效手段，如用橙色白炽灯，经反光罩以柔和的光线照映室内，形成橙黄色的环境。另外，挂画、盆栽等软装饰品能起到调色烘托色彩氛围的作用。

（2）快题点评

如图 3-5 ～图 3-8。

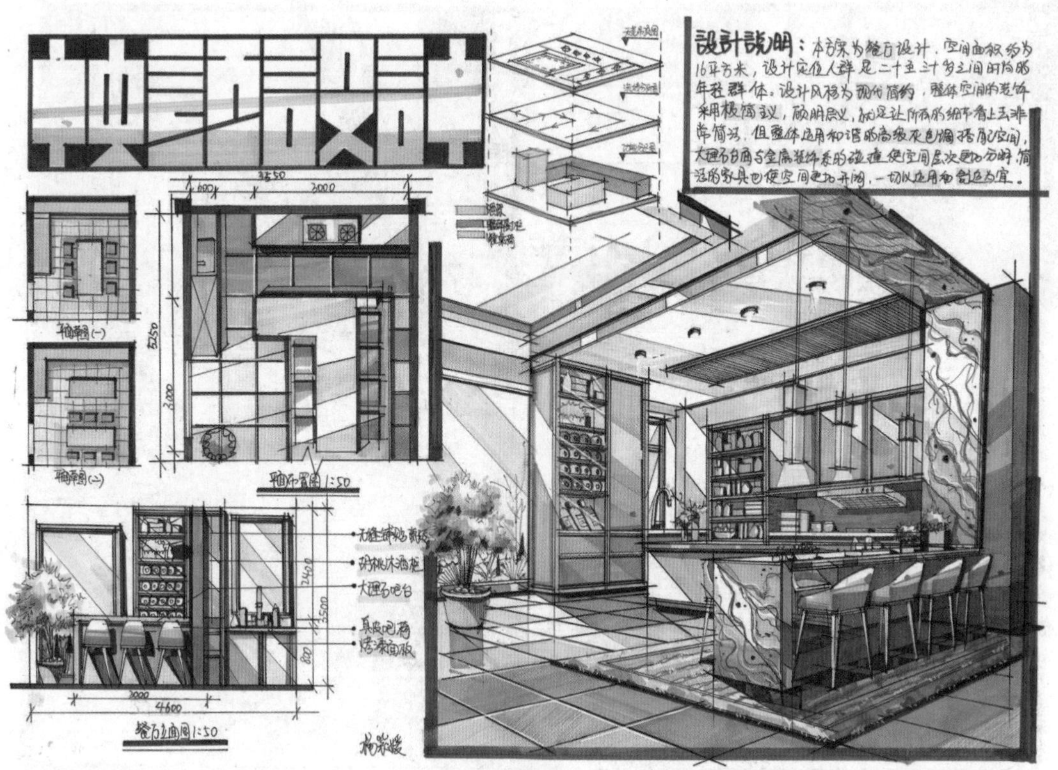

图 3-5

● 优点：空间构图采用了两点透视，突出小空间内的局部塑造；餐厅吧台设计形式从立面延伸至顶面，形式感强，有设计点。

● 缺点：立面图和效果图中的盆栽植物造型和表达需要加强。植物软装的作用，一是丰富空间层次，二是点缀画面细节。

图 3-6

● 优点：光影留白处理到位，明暗关系对比突出。

● 缺点：效果图中前后颜色一样，未能体现前实后虚的空间关系；视点相对较高，餐椅形体相对单薄。

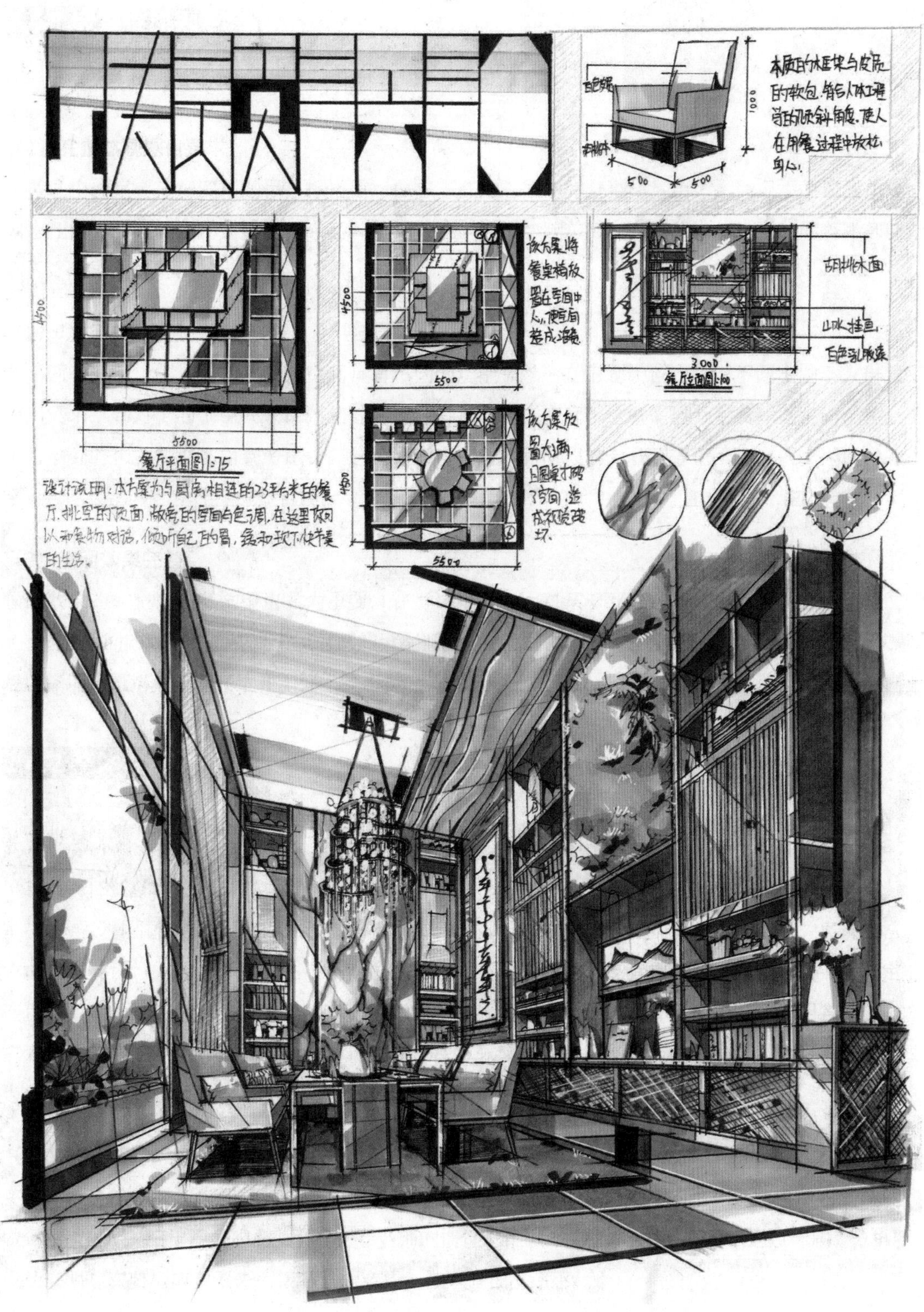

图 3-7

● 优点：家具单体塑造到位，室内材质表达丰富，空间氛围感强烈。

● 缺点：材质表达过于烦琐，空间视觉没有局部突出点，应适当舍弃一些肌理感，从而将疏密关系对比表达到位。

图 3-8

● 优点：家具单体塑造到位，空间内对多种家具进行了造型设计，内容丰富；空间的轴测图体现了空间尺度与整体空间关系，形式感强。

● 缺点：效果图中餐桌与厨房操作台距离过近。

3.1.3 卧室（酒店客房）

卧室主要满足休息睡眠、梳妆、换衣，以及阅读休闲等功能。主卧及酒店客房中功能空间更丰富，有独立卫生间和衣帽间等。

（1）设计要点

第一，卧室设计必须在隐蔽、安静、便利、舒适和健康的基础上，寻求优美的格调与温馨的氛围。更重要的是应当充分体现使用者的个性特点，使其生活在愉快的环境中，以获得身心的满足。

第二，床、床头柜、休息椅、衣物柜都是卧室必备家具，根据面积情况和个人需求可设置梳妆台、工作台、矮柜等。室内应陈设一些表现主人个性特点的饰品。

第三，空间扩展。卧室的多功能性常常令人有空间不够的感觉，因此巧妙的设计与多功能的家具配合可以有效地扩展空间。

（2）快题点评

如图 3-9 ～图 3-12。

图 3-9

● 优点：物体塑造到位，空间氛围感强烈。

● 缺点：立面形式丰富，但效果图内并未体现对应内容；标题排版不清晰，应考虑标题的大小关系。

图 3-10

● 优点：画面色彩统一，主题性明确；技法表达熟练，平面图、立面图、效果图统一且丰富。

● 缺点：对地毯及植物的细节塑造得不够。

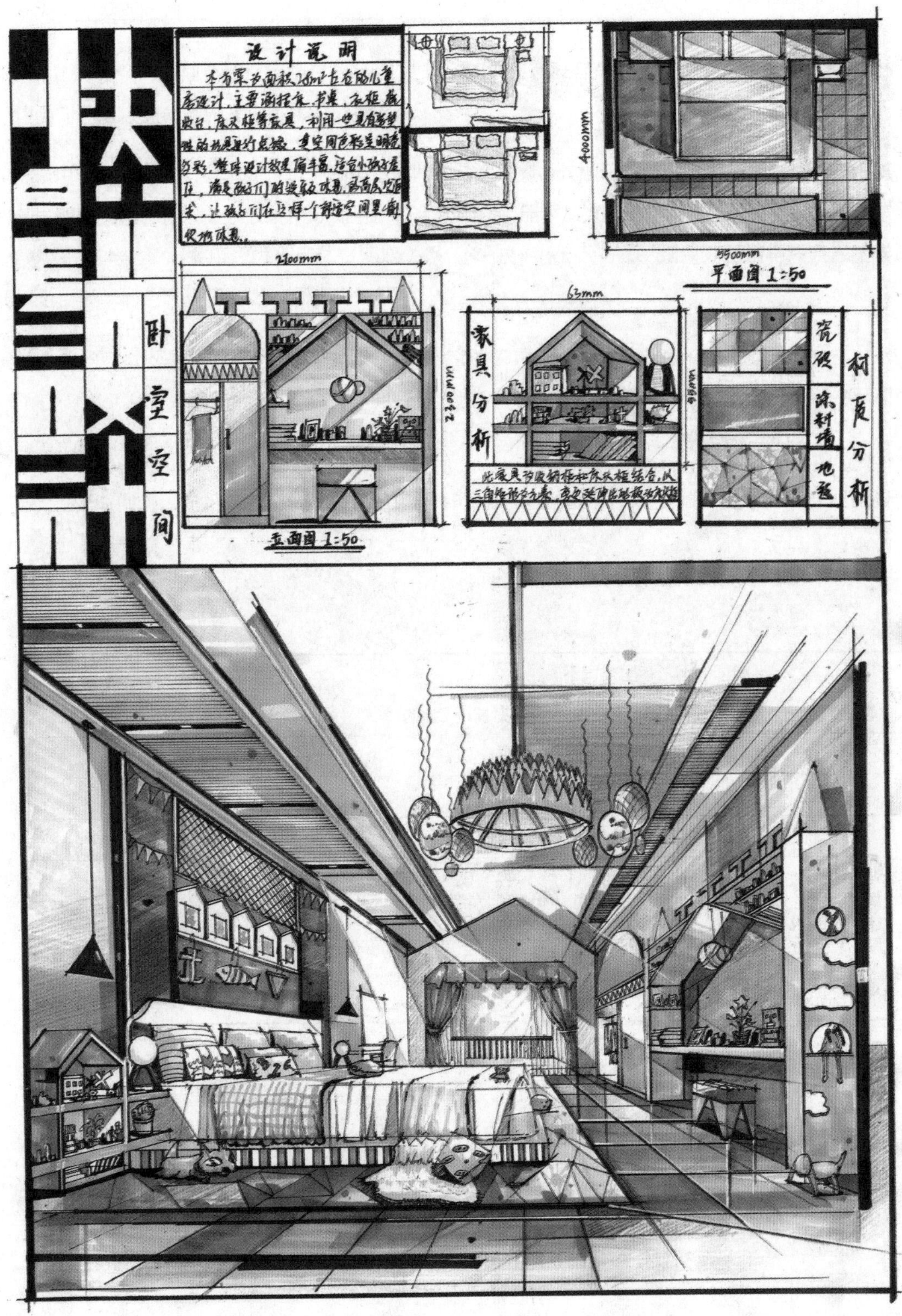

图 3-11

● 优点：此快题是儿童房的设计，需要把儿童的需求考虑进去。很多考生在设计儿童房时往往把精力全部放在儿童玩具的设计上，而忽视了硬装设计，容易造成画面没有设计重点的问题。此作品在家具设计上采用了小房子的元素，是一幅不错的儿童房设计快题作品。

● 缺点：空间内玩具较多，相对琐碎；平面草图并未解释方案之间的区别以及最终方案的采用理由，容易让人理解不到设计思路。

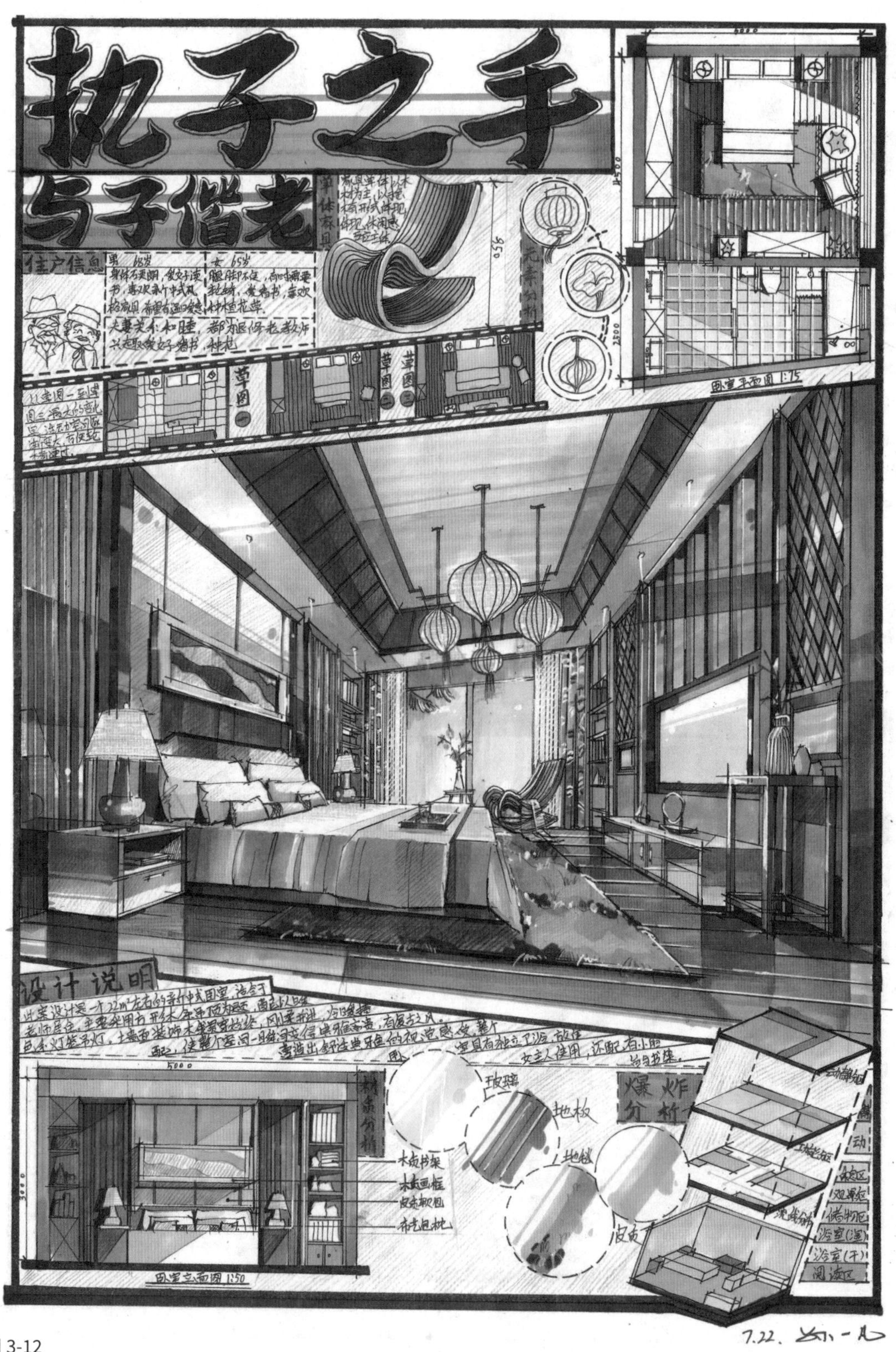

图 3-12

● 优点：技法熟练、画面色彩统一；方案中营造了舒适、高贵的空间氛围，空间内的中式概念表达到位，使空间协调统一。

● 缺点：草图和方案区别不大，仅对地面铺装做了区分，应适当考虑空间布局的多样性。

3.1.4 书房

书房是供居住者进行学习、工作的场所，也是最能体现居住者的习惯、个性、爱好、品位和专长的场所。在功能上要求创造静态空间，以优雅、宁静为原则。

（1）设计要点

第一，书房中的功能空间一般有收藏区、阅读区、休息区。8—15 m^2 的书房，收藏区宜沿墙布置，阅读区靠窗户布置，休息区占据余下的区域。12 m^2 以上的大书房布局方式更具灵活性，如可以设计一个小型的会客区，中间设置圆形的可旋转书架，留一个较大的休息讨论区等。

第二，书房的采光要求较高，尤其要有舒适的自然采光环境。书桌的摆放位置与窗户的位置有很大关系，一要考虑光线的角度，二要避免电脑屏幕的眩光。因此，书桌最好放置在阳光充足但不直射的窗边，这样在工作疲倦时可以凭窗远眺，休息眼睛。一般书桌放于窗前或窗户右侧，工作学习时可避免光线在桌面上留下阴影。书房内一定要有台灯和书柜射灯，便于使用者阅读和查找书籍，但注意：台灯光线要均匀。

第三，书桌不能面窗，否则会产生“望空”的问题，造成不良效果。书桌不能正对大门，且勿置于书房的正中央。书桌前应尽量留有空间。

第四，书房的家具除了有书柜、书桌、椅子外，还可以配置沙发、茶几等。书柜靠近书桌以方便存取，书柜中可留出一些空格来放置工艺品等，活跃书房氛围。

（2）快题点评

如图 3-13 ～图 3-16。

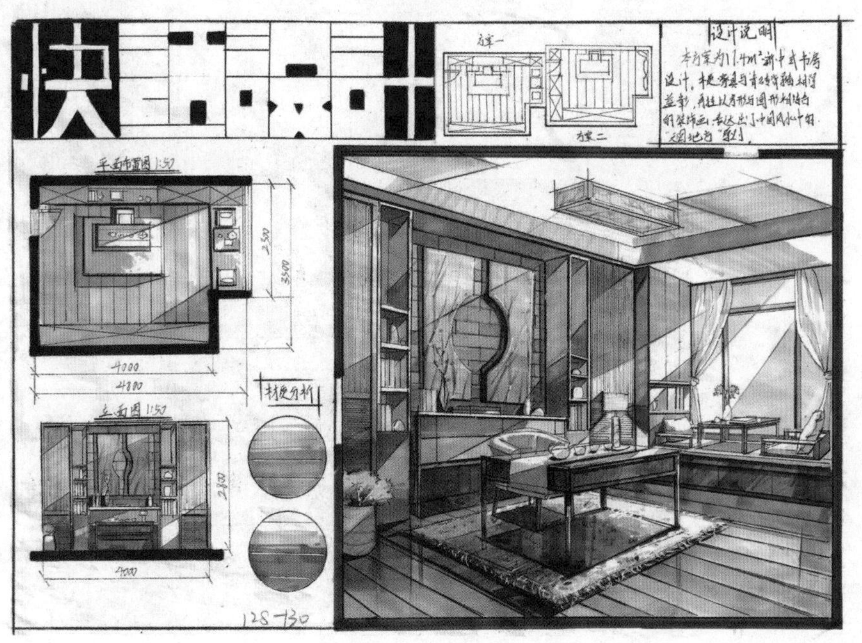

图 3-13

● 优点：塑造力强，色彩搭配凸显了强烈的视觉效果。

● 缺点：构图不够饱满，如果加强排版，整体画面效果会更加突出；标题部分可以增加副标题表明空间主题，方便阅卷老师理解创作者的方案设计思路。

图 3-14

● 优点：构图排版饱满，空间明暗关系明确。

● 缺点：对单体及植物的塑造还不够深入，缺少细节。

图 3-15

● 优点：家具单体塑造深入，材质表现丰富，画面排版整体统一。

● 缺点：方案中提到书房空间内利用绿植起到舒缓居住者情绪的作用，可将空间中的植物放大，更清晰、直接地表达该设计思路。

图 3-16

● 优点：色彩对比强烈，凸显了新中式风格；空间内软装家具不同的设计形式，使画面的空间感、氛围感更丰富。

● 缺点：平面图比例稍小，可适当缩小效果图比例，从而丰富其他分析图内容。

3.1.5 卫生间

卫生间通常是 3—5 m^2 的小空间，在有限的空间里需要兼容的功能又非常多，如何在有限的空间里合理地布局，让空间利用最大化，是提升居住者使用体验的关键。

（1）设计要点

第一，合理的动线布局。淋浴、洗漱、如厕三大功能缺一不可。在使用频率上，洗漱区>如厕区>淋浴区，因此，洗手台应设置在流线的最外面，如厕区居于中间位置，淋浴区置于动线安排的最内部。

第二，做好干湿分离。常见的做法是单独设置淋浴房，或者在淋浴区加隔断。如果卫生间面积较大，可以在干湿分离的基础上做三分离或四分离。

（2）快题点评

如图 3-17 ～图 3-20。

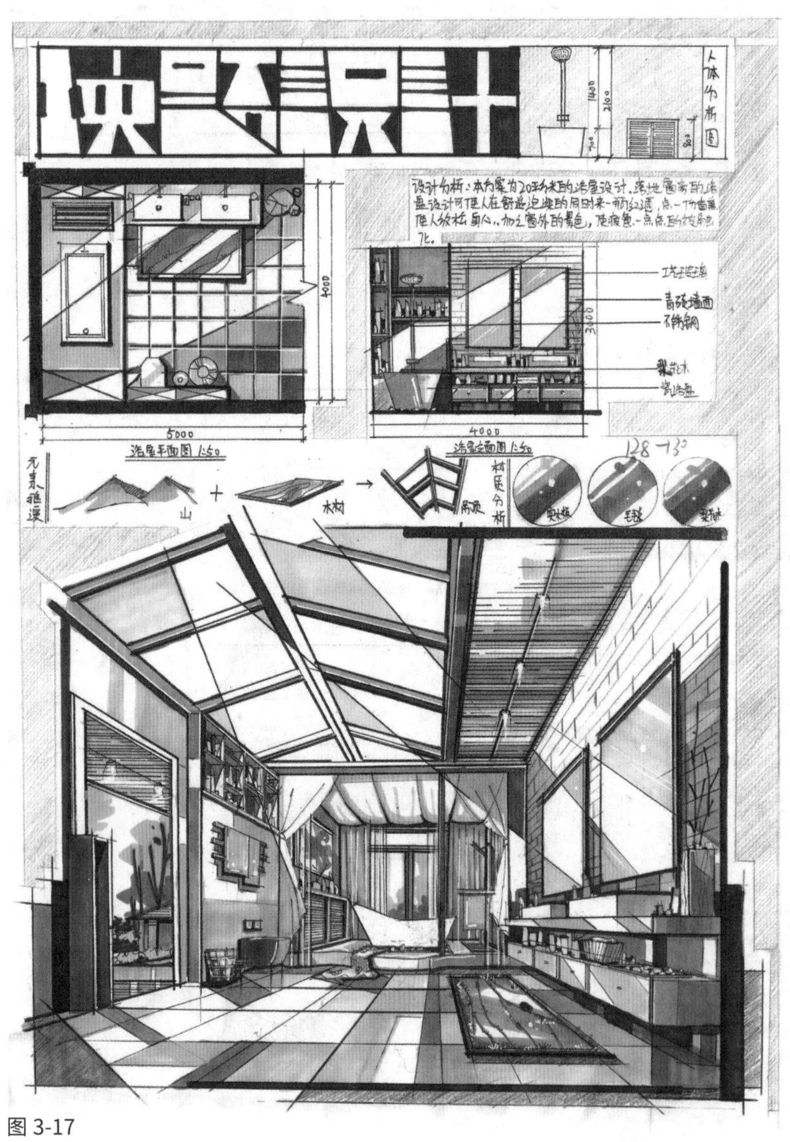

图 3-17

● 优点：画面内容感丰富，空间进深感强烈，吊顶部分的材质样式多样。

● 缺点：吊顶设计的合理性有待商榷，该快题题目为浴室空间设计，并非建筑结构设计，应当考虑建筑以内的室内空间中的形式内容如何设计。

图 3-18

● 优点：排版饱满且有逻辑性。

● 缺点：立面塑造单一，除几组家具外没有形式材料的对比组合；右后方落地窗部分结构交代不完整，虽是光源所在处，也不应全部留白，应交代结构和简易的明暗关系。

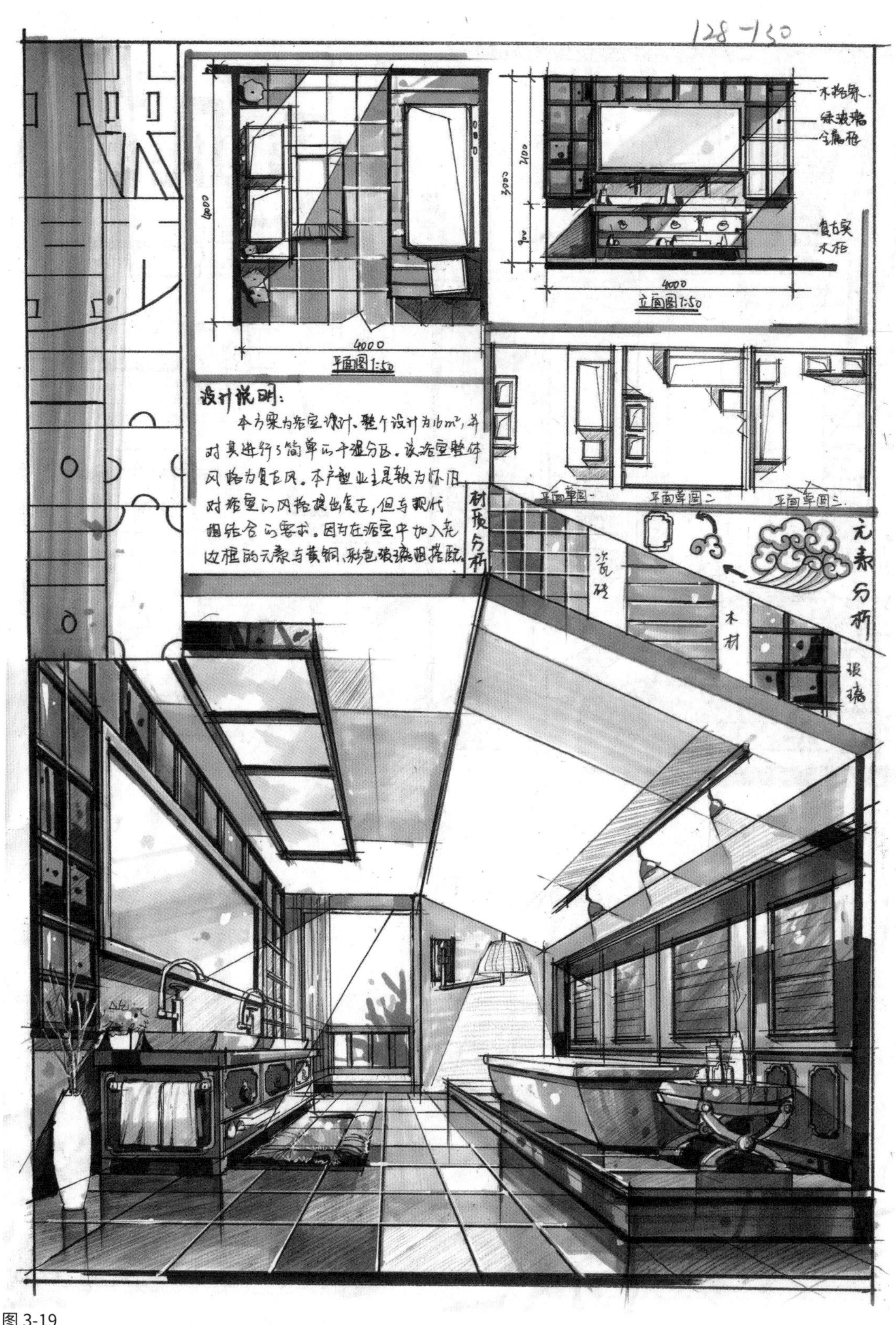

图 3-19

优点：家具单体形式塑造丰富，立面形式感强烈，复古与现代的风格结合融洽。

缺点：浴室应当考虑木材的运用，相对潮湿的环境是否适合大面积采用传统木质材料。

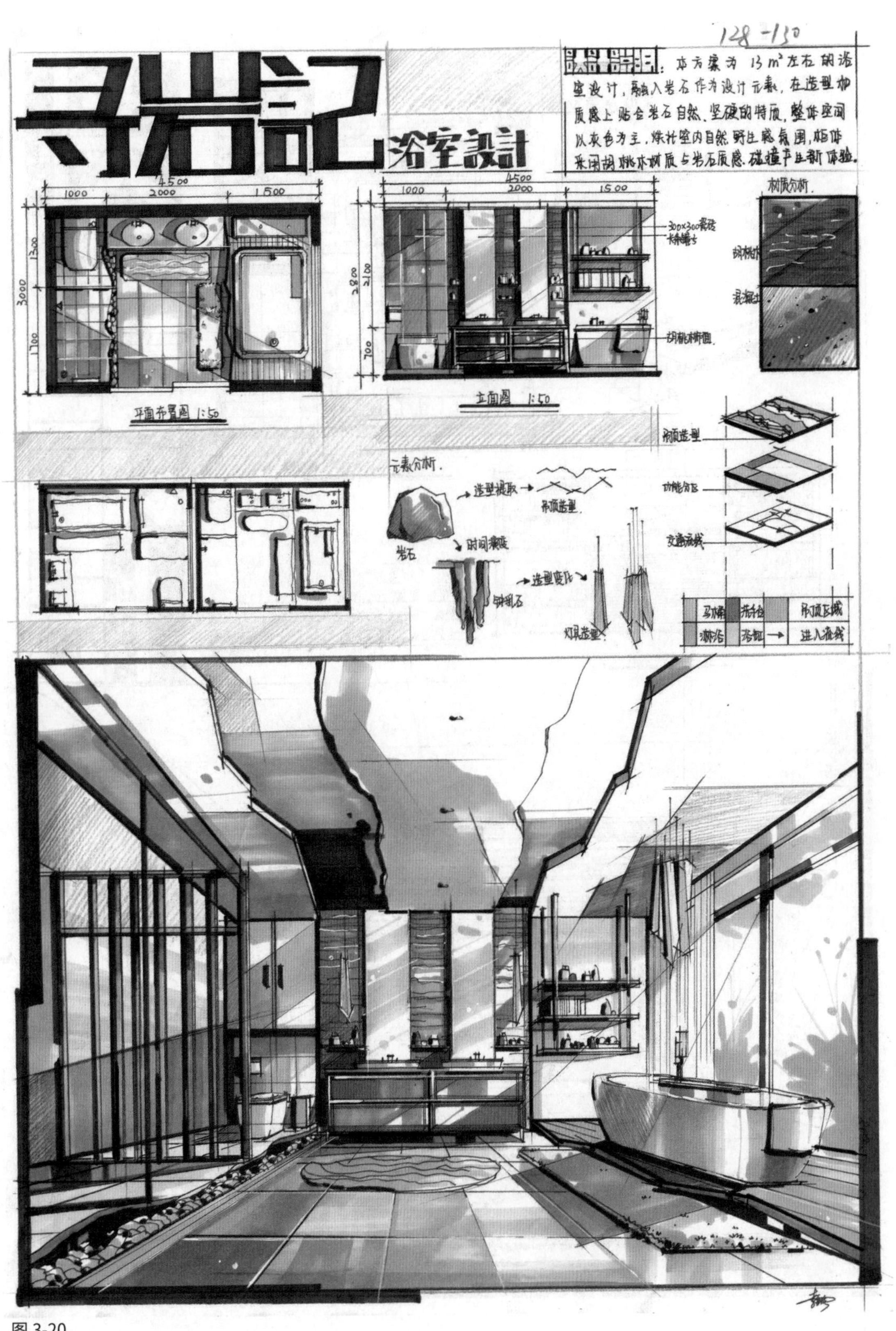

图 3-20

● 优点：该方案设计思维独特，以岩石作为设计元素，体现了工业风设计氛围。

● 缺点：构图排版需要再着重推敲，小标题字体可以考虑增强字体形式感，画面内容可以更饱满一些。

3.1.6 常用尺寸

家装空间常用尺寸如表 3-1。

表 3-1 家装空间常用尺寸

客厅	沙发（单人）	长 800—950 mm，深 850—900 mm，坐垫高 350—420 mm，背高 700—900 mm
	沙发（双人）	长 1260—1500 mm，深 800—900 mm
	沙发（三人）	长 1750—1960 mm，深 800—900 mm
	沙发（四人）	长 2320—2520 mm，深 800—900 mm
	茶几	长 600—750 mm，宽 450—600 mm，高 380—500 mm
	电视柜	长 800 mm（根据室内长度），深 450—600 mm，高 450—700 mm
卧室	单人床	宽 900—1200 mm，长 1800—2100 mm，高 400—450 mm
	双人床	宽 1350—1800 mm，长 1800—2100 mm，高 400—450 mm
	圆床	直径 1860 mm、2100 mm、2400 mm
	床头柜	宽 500—800 mm，高 500—700 mm
	衣橱	深 600—650 mm，衣柜推拉门宽度 700—1200 mm，衣柜门宽度 400—650 mm
书房	书桌	宽 500—650 mm，长 1200—1600 mm，高 700—800 mm
	办公椅	长 450 mm，宽 450 mm，高 400—450 mm
	书柜	宽 1200—1500 mm，深 450—500 mm，高 1800 mm
	书架	宽 1000—1300 mm，深 350—450 mm，高 1800 mm
餐厅	方餐桌	2 人：700 mm×850 mm；4 人：1350 mm×850 mm；8 人：2250 mm×850 mm
	圆桌（直径）	2 人：500 mm、800 mm；4 人：900 mm；5 人：1100 mm； 6 人：1100—1250 mm；8 人：1300 mm，10 人：1500 mm；12 人：1800 mm
	餐椅	高 450—500 mm
厨房	操作台	宽 600 mm，高 750—800 mm
	吊柜	高 700 mm，吊柜顶高 2300 mm
卫生间 （面积 3—5 m^2）	浴缸	长 1220 mm、1520 mm、1700 mm，宽 720 mm、750 mm、850 mm， 高 365—520 mm
	坐便器	750 mm×350 mm
	冲洗器	690 mm×350 mm
	盥洗器	550 mm×410 mm
	淋浴头	高 2000—2100 mm
	化妆台	长 1350 mm，宽 450 mm，高 750 mm

3.2 餐饮空间快题设计

3.2.1 餐饮空间设计分析

（1）基本概念

从狭义上来说，餐饮空间是凭借特定的场地和设施，为顾客提供食品和服务的经营场所，是满足顾客饮食需要、社会需求和心理需求的环境场所。从广义上来说，餐饮空间主要是指餐馆的经营场所。

（2）餐饮空间分类

特大型餐馆：指加工经营场所使用面积在 3000 m^2 以上（不含 3000 m^2），或者就餐座位数在 1000 座以上（不含 1000 座）的餐馆。

大型餐馆：指加工经营场所使用面积在 500—3000 m^2（不含 500 m^2，含 3000 m^2），或者就餐座位数在 250—1000 座（不含 250 座，含 1000 座）的餐馆。

中型餐馆：指加工经营场所使用面积在 150—500 m^2（不含 150 m^2，含 500 m^2），或者就餐座位数在 75—250 座（不含 75 座，含 250 座）的餐馆。

小型餐馆：指加工经营场所使用面积在 150 m^2 以下（含 150 m^2），或者就餐座位数在 75 座以下（含 75 座）的餐馆。

快餐店：指以集中加工配送、当场分餐食用并快速提供就餐服务为主要加工供应形式的场所。

小吃店：指以点心、小吃为主要经营项目的场所。

饮品店：指以供应酒类、咖啡、茶水或者饮料为主的场所。

甜品站：指餐饮服务提供者在其餐饮主店经营场所内或附近开设的，具有固定经营场所，直接销售或经简单加工制作后销售，由餐饮主店配送的以冰激凌、饮料、甜品为主的食品的附属店面。

（3）功能分析

餐饮空间按照使用功能可分为可用空间（用餐区、前台接待区等）、公用空间（卫生间等）、管理空间（服务台、办公室等）、流动空间（通道、走廊等）。在空间序列上，入口、门厅为第一空间序列，散座、卡座、包厢等就餐区为第二空间序列，厨房、仓库为最后一个空间序列，功能分区明确，动静分明。

（4）常用尺寸

就餐桌椅、吧台、包厢的常用尺寸及摆放方式如图 3-21 ～图 3-26（单位：mm）。

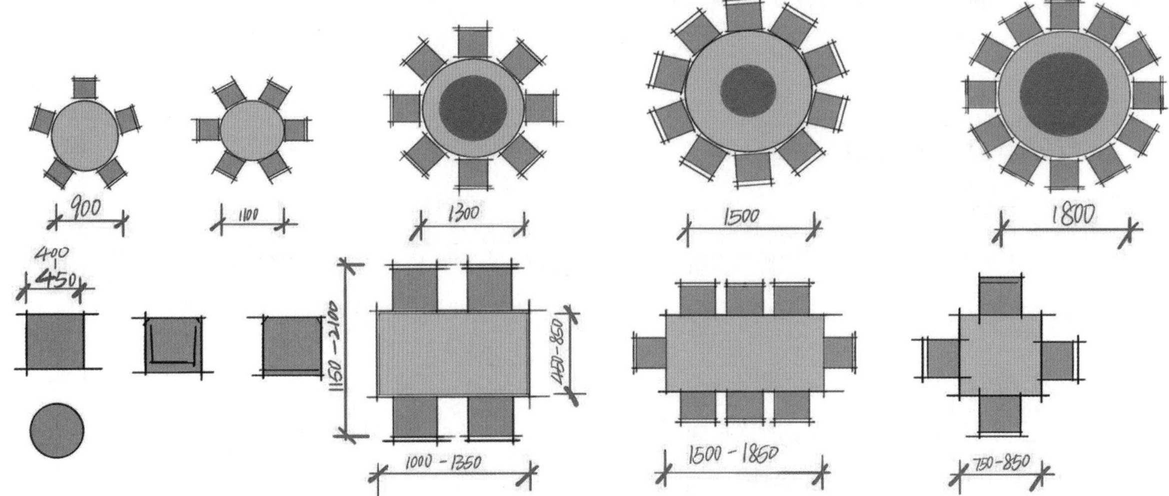

图 3-21

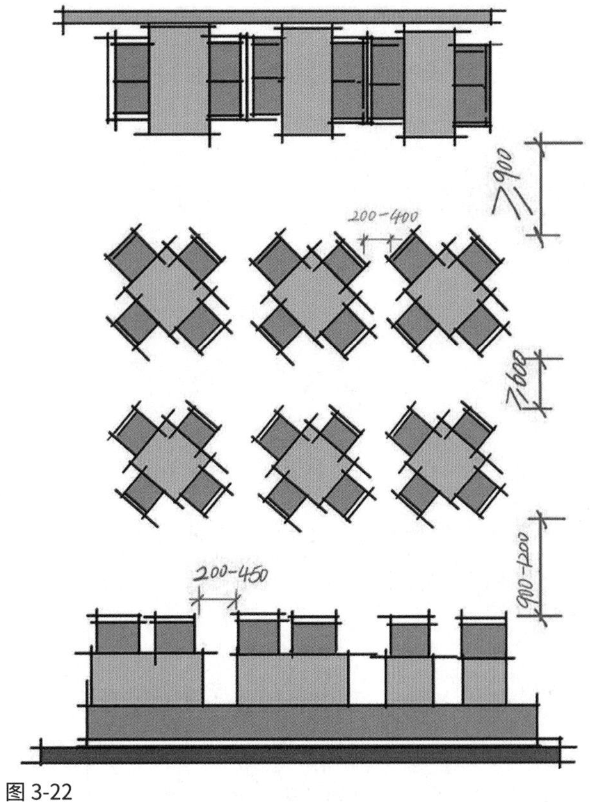

图 3-22

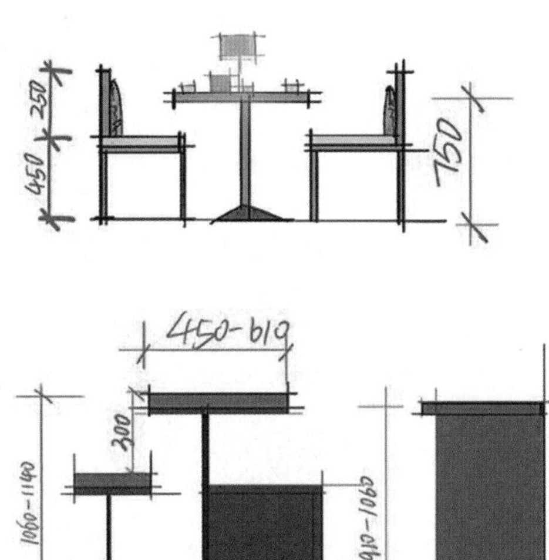

图 3-23

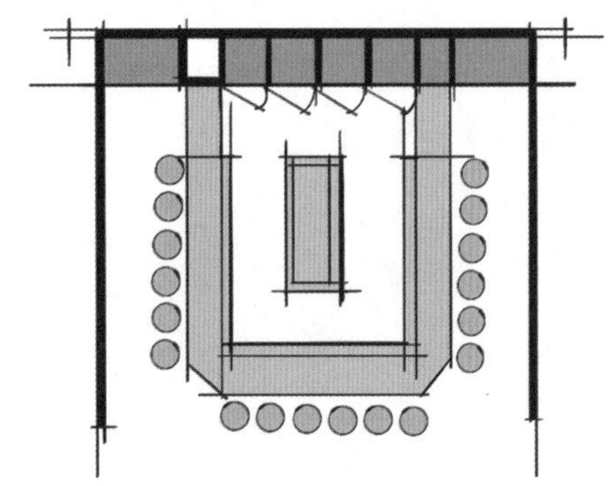

图 3-24

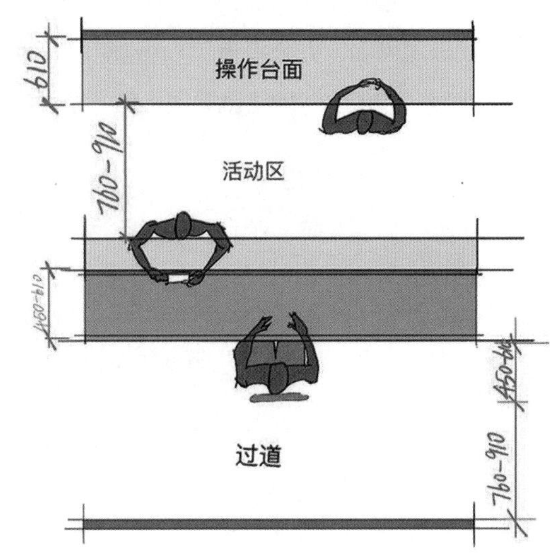

图 3-25

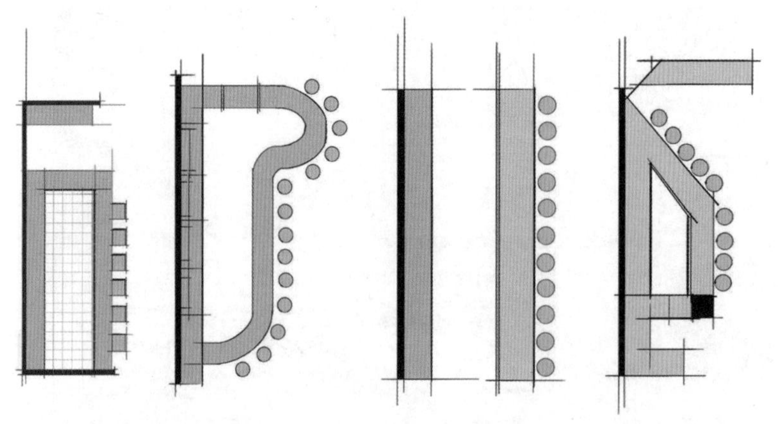

图 3-26

3.2.2 快题点评

如图 3-27 ～图 3-32。

图 3-27

● 优点：颜色运用丰富，主题氛围感强烈，凸显了日式餐厅的特点。

● 缺点：平面图内相机视角有误，与方案效果图对应不上。

图 3-28

● 优点：该方案为商场内的餐饮空间设计，用吊灯的线象征面，钢管象征筷子，灯球象征飘散的气味，通过形、声、味、触等多方面结合轴测图的空间材料，体现餐饮空间方案设计；画面技法成熟，整体效果强烈。

● 缺点：效果图中前后关系区别不明显，后方空间未能虚化，应将后方用相对灰的颜色处理。

图 3-29

● 优点：该方案将传统丝绸衍生至空间内的楼梯装置，画面的排版打破了传统的方式，将设计要点贯穿整个画面，突出了该设计理念。

● 缺点：平面方案中主入口相对拥挤，应考虑人流等因素。

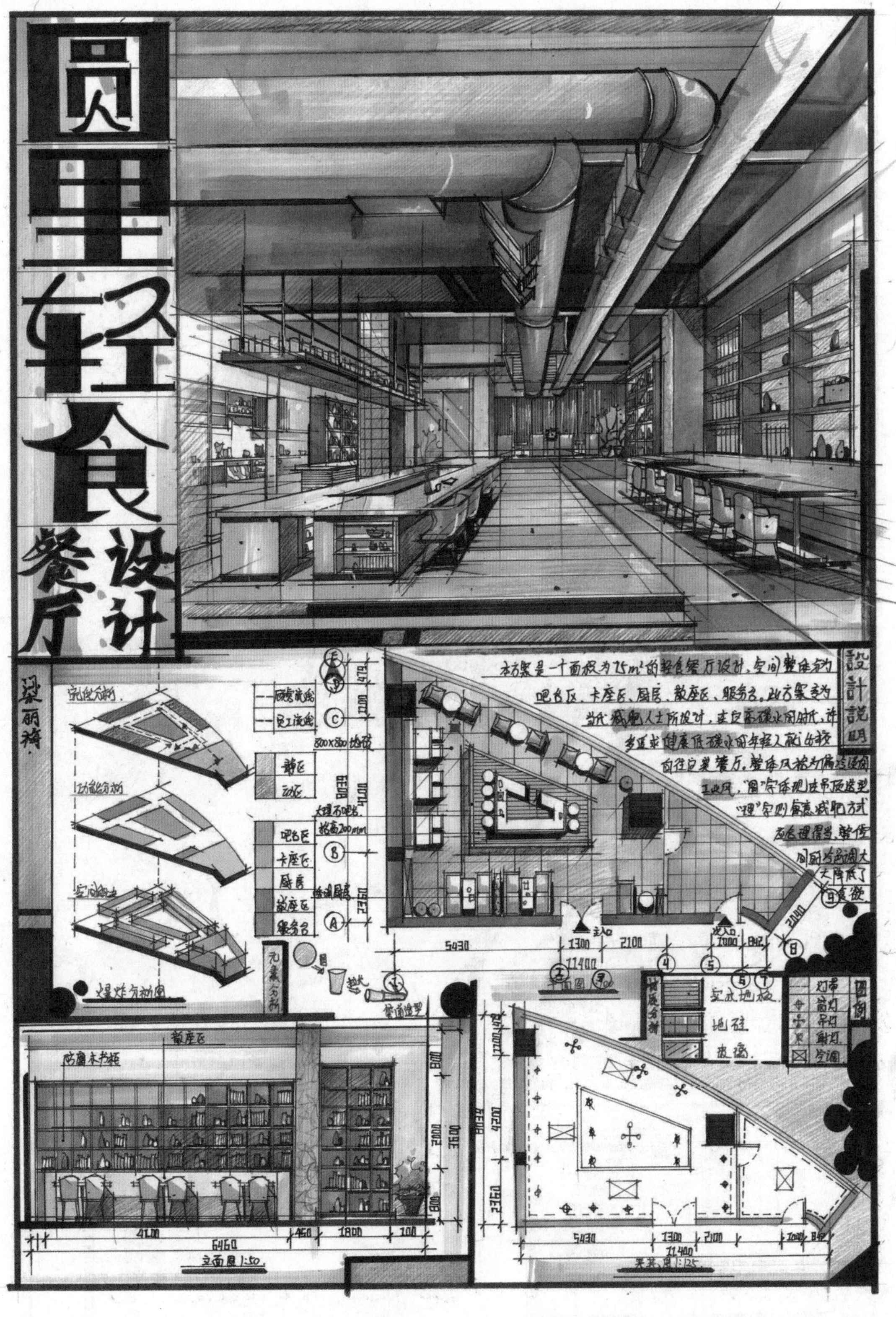

图 3-30

● 优点：该方案采用圆形管道作为设计元素，体现工业风格的餐饮空间概念。

● 缺点：天花板图制图规范有误——没有绘制门。

图 3-31

● 优点：顶面部分采用多边形立体结构，形式夸张亮眼，与家具部分的多边形塑造相呼应，体现了设计灵感。

● 缺点：立面塑造单一，未能体现设计要点。

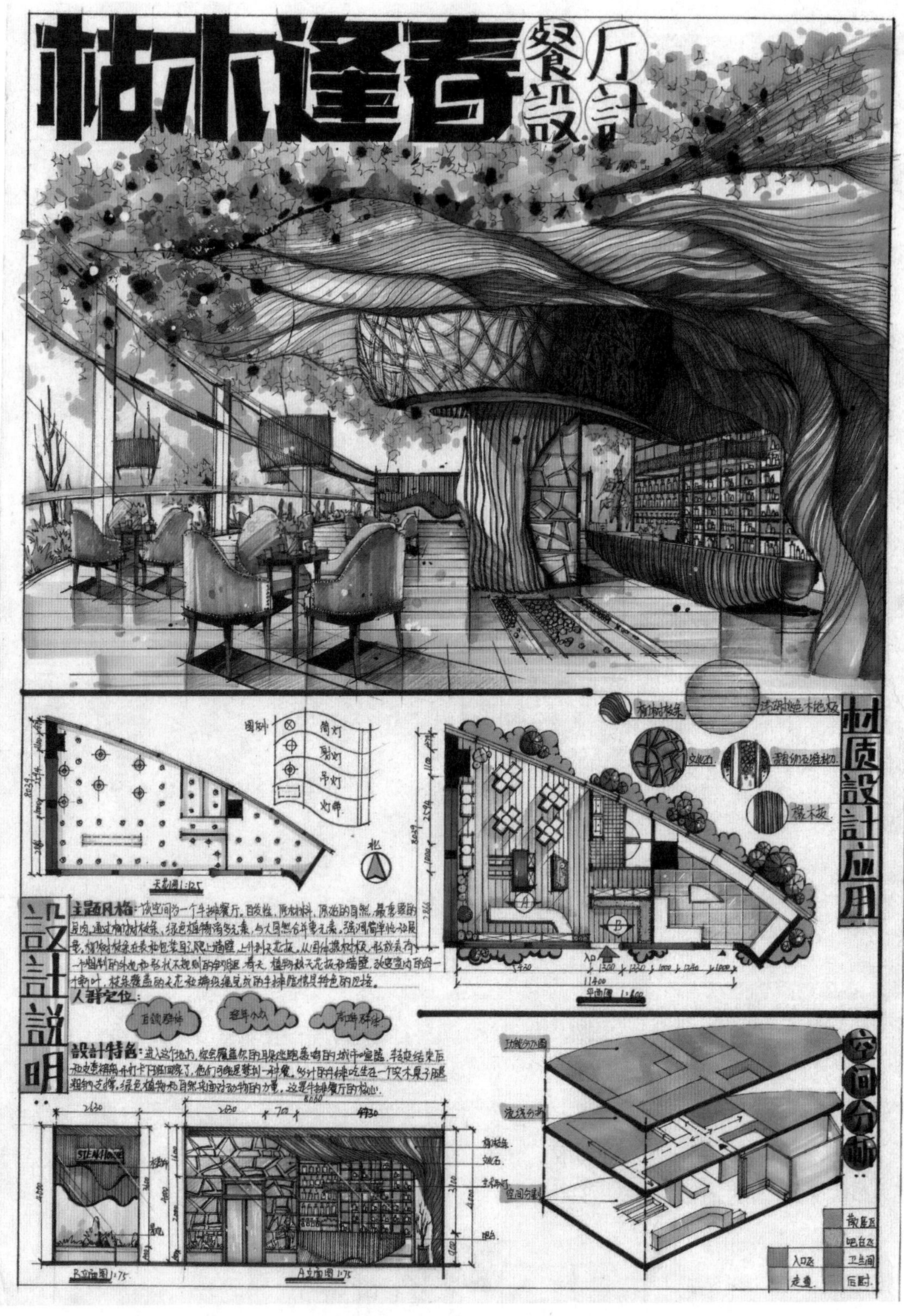

图 3-32

● 优点：该方案设计思维活跃，通过树的形体和绿色植物搭配，营造出大自然的感觉，整体形式从立面延伸至顶面，丰富的造型给人眼前一亮的感觉。

● 缺点：构图排版留白较多，可适当填充主题色。

3.3 办公空间快题设计

3.3.1 办公空间设计分析

（1）办公空间分类

办公空间可以划分为行政办公空间、商业办公空间、综合性办公空间等类型。

（2）办公空间特点

① 舒适性

对于在办公空间中工作的人来说，想要达到最佳的工作状态，就要在心理与生理上都感到舒适。因此，需要设计者协调好光源、声源、办公设施及环境中的相关因素，以达到最佳效果。

② 高效性

突出办公效率在环境设计中的重要位置，以节省人力、物力、财力，并提高设备的利用率。

③ 方便性

突出办公用具的便捷性，同时要具有综合的信息服务功能。

④ 适应性

对办公组织机构的变更、办公方法和程序的变更，以及设备更新等具有快捷处理能力，对服务设施的变更处理要稳妥、准确。当办公设备、网络功能发生变化和更新时，不会影响原有系统的运行。

⑤ 安全性

以保证生命、财产、建筑物安全为基准，还要防止服务器发生信息泄露和被干扰，特别是防止数据被破坏、删除和篡改，以及系统被非法或不正确地使用。

⑥ 可靠性

尽量避免系统发生故障，如出现问题应尽快解决，力求将故障影响和波及面减至最低限度和最小范围。

（3）办公空间功能

完整的商业办公空间环境可分为内部工作空间（资料室、档案室、打印室、会议室等）、外部公共空间（接待处、洽谈处、展示体验区、休息区等）、交通空间（通道、楼梯间、电梯间、门厅等）、配置空间（消配电室、空调机房、监控室、水房等）。在个性化的商业办公空间设计中，入口公共交通区、多类型灵活洽谈服务咨询区、休闲娱乐及共享交流体验区等，都是在设计中展现独特魅力和体现设计想法的地方（图 3-33）。

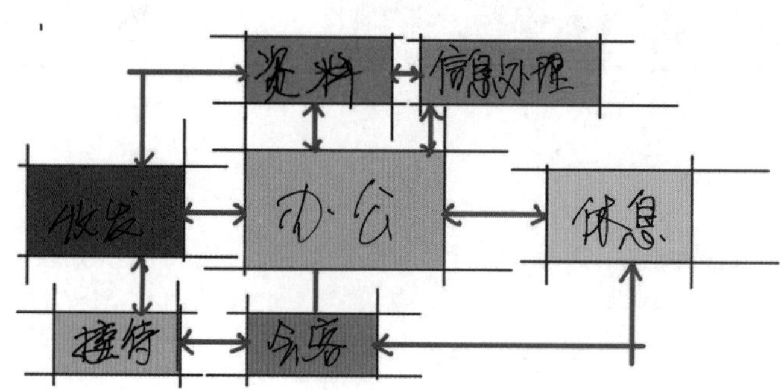

图 3-33

（4）办公家具人机工学

办公家具在各个方面的设置都要符合人体活动的一般习惯。办公桌一般高度在 700—750 mm，办公桌和办公椅的高差控制在 280—320 mm，办公桌下方要有合理的空间方便双腿活动，缓解久坐的不适感，桌面下部的空间高度应在 600—620 mm（图 3-34 ～图 3-39，单位：mm）。

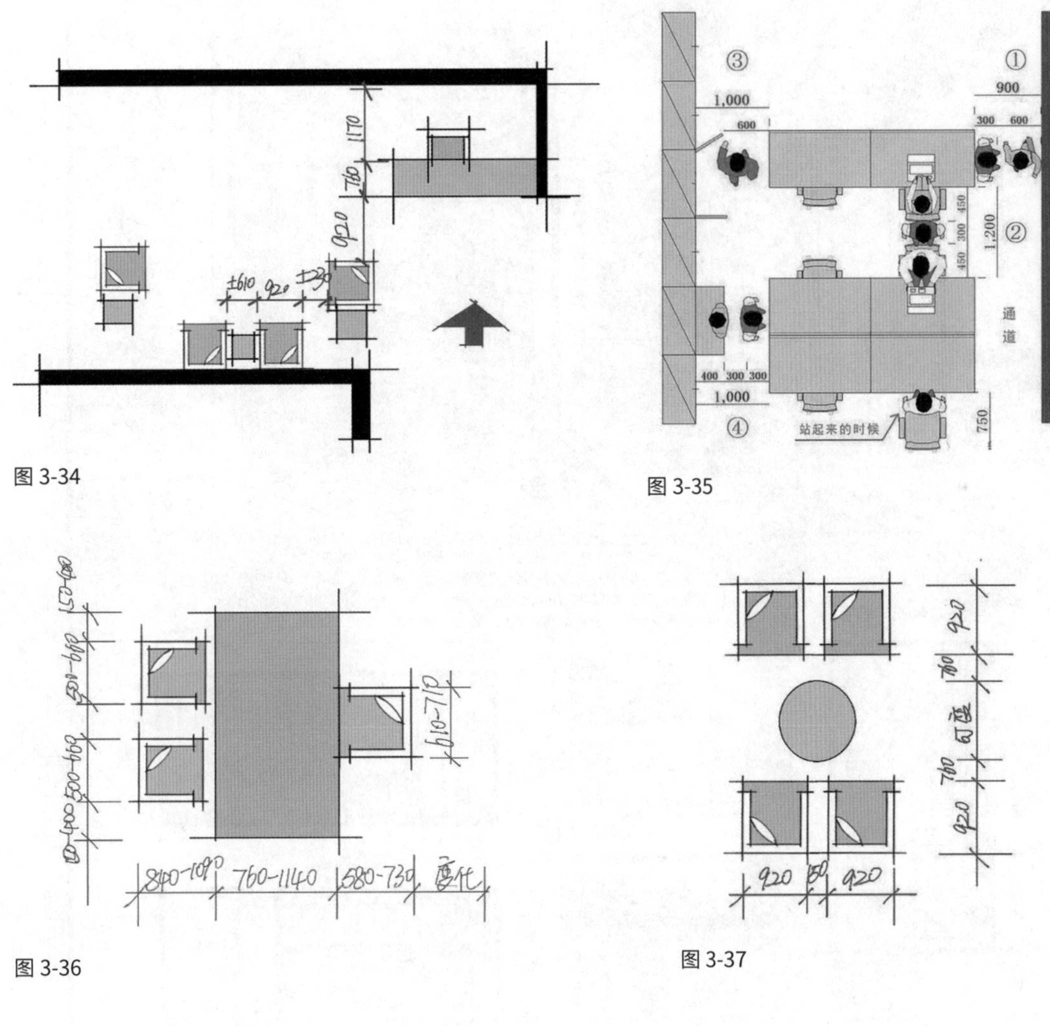

图 3-34

图 3-35

图 3-36

图 3-37

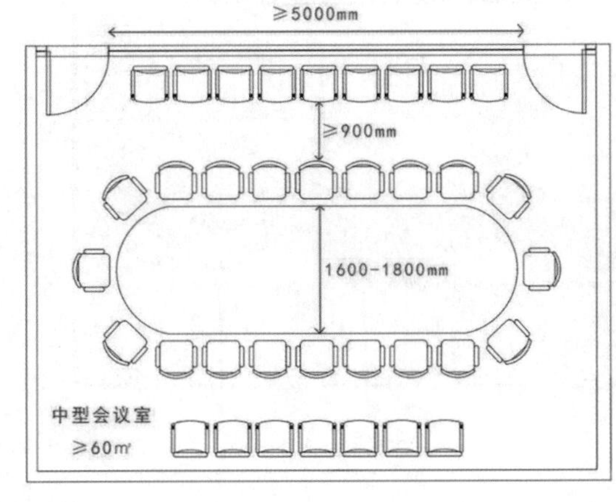

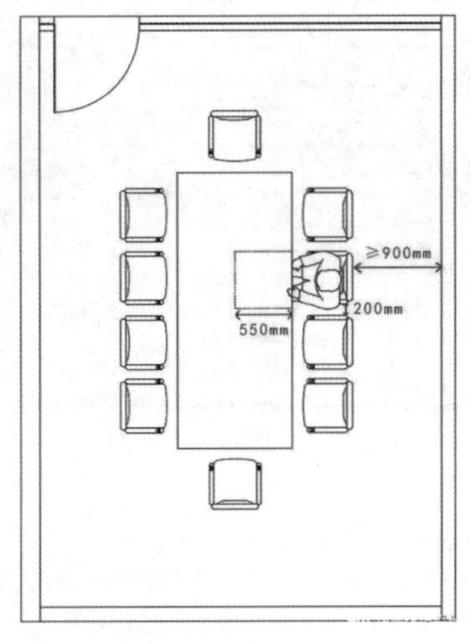

图 3-38

图 3-39

3.3.2 快题点评

如图 3-40 ～图 3-44。

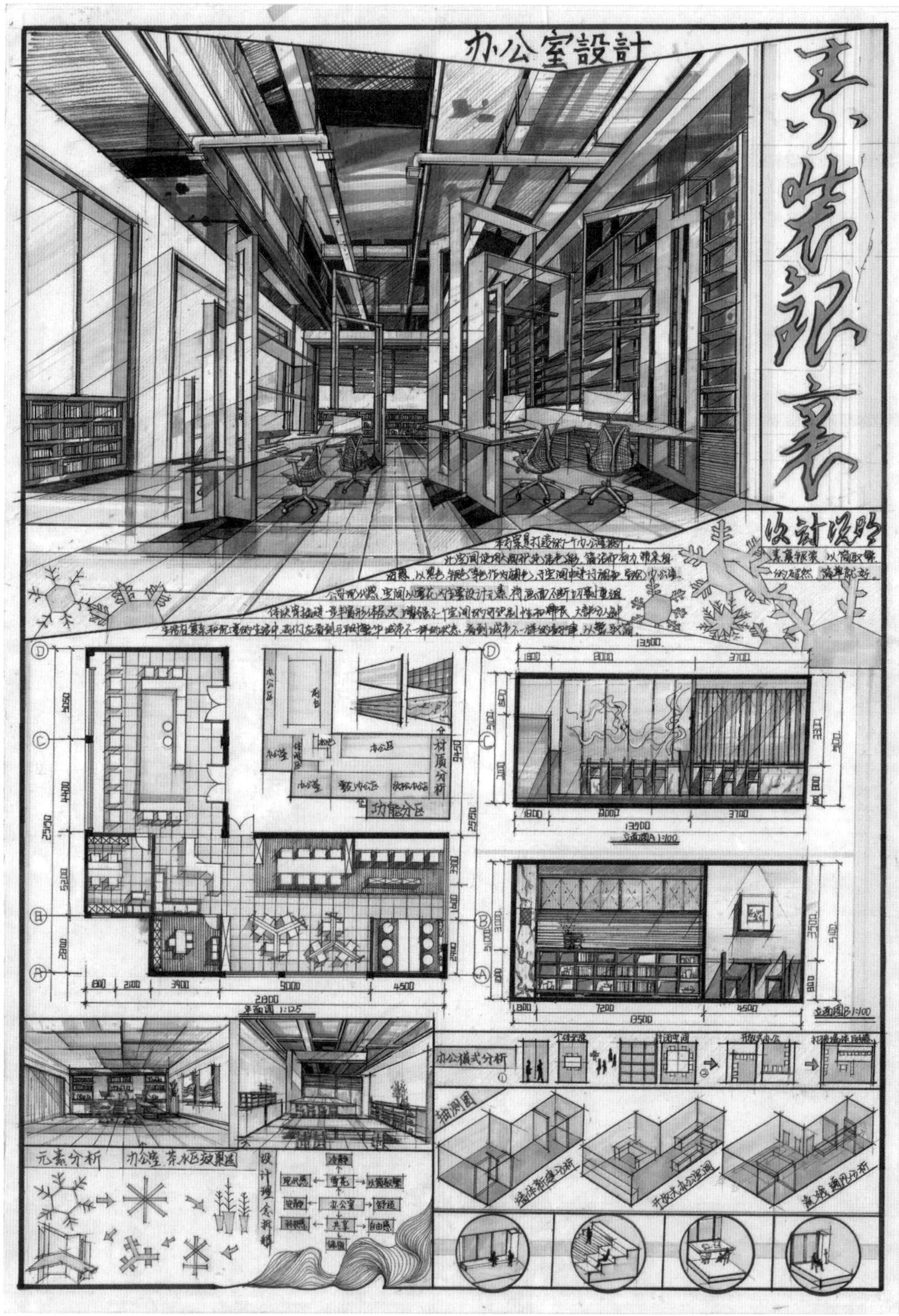

图 3-40

● 优点：方案部分除主效果图以外，还增加了办公区域的局部效果图，配合分析图中的办公模式分析图和设计立面图，全面地阐述了方案设计思路，这种处理方式可让阅卷老师看出设计者的专业性。

● 缺点：平面图中缺少主入口标识。

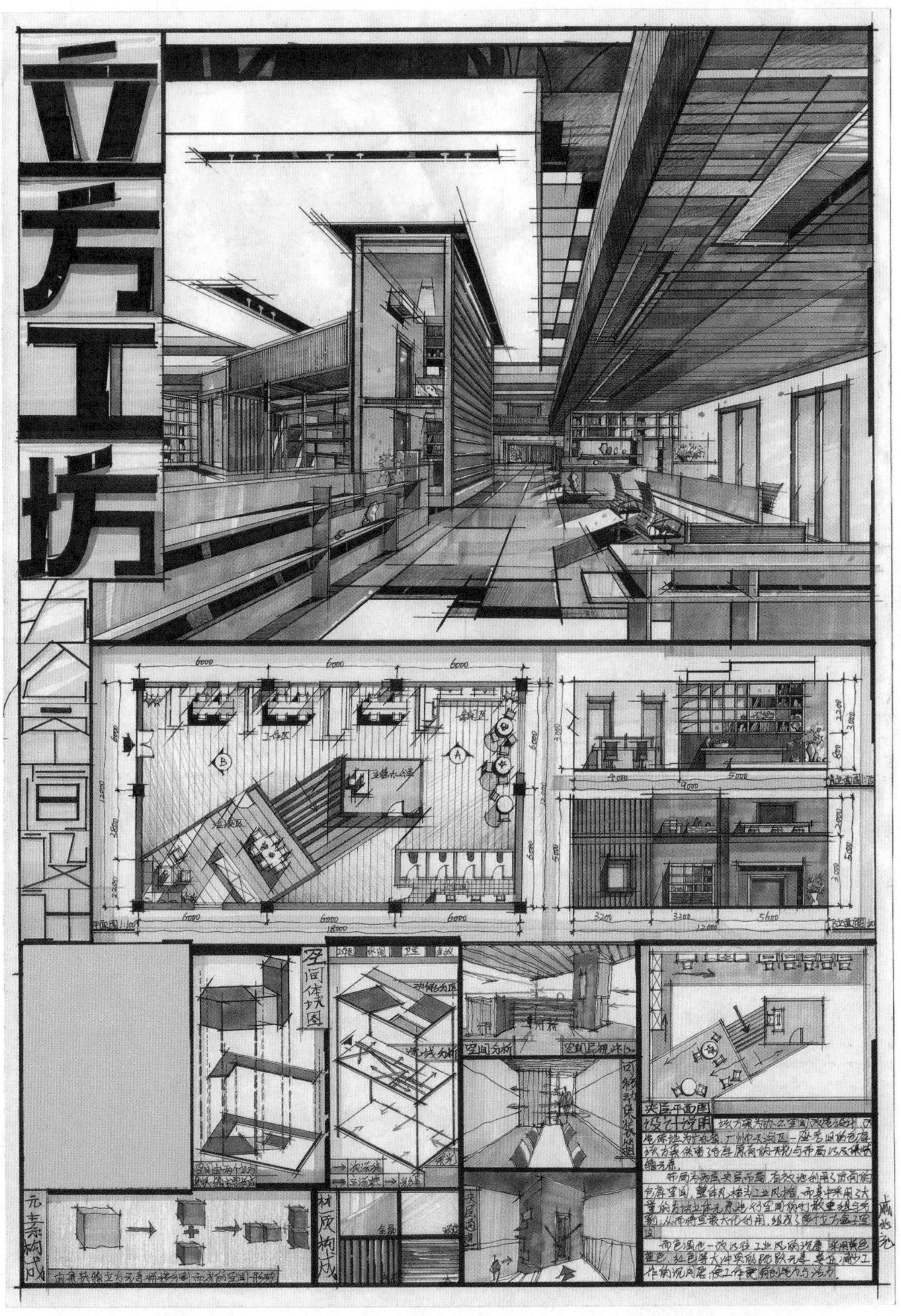

图 3-41

● 优点：效果图中空间体块感强烈，作者对该主题空间方案部分进行了场地分析、元素分析、空间分析、材质分析及轴测分析，思路清晰、缜密。

● 缺点：效果图中的光影关系及留白处理不够全面。

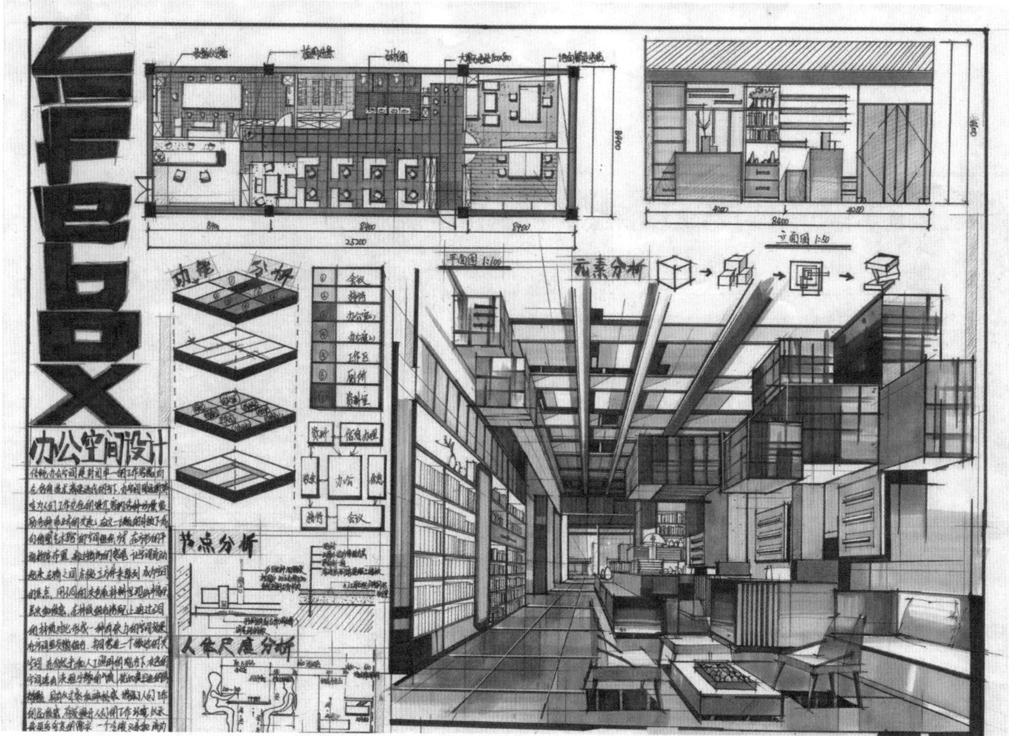

图 3-42

● 优点：排版构图清晰，比例正确，方案分析图中加入了节点分析和人体尺度分析，这样的分析可体现设计的全面性。

● 缺点：空间相对封闭，应适当考虑开窗位置。

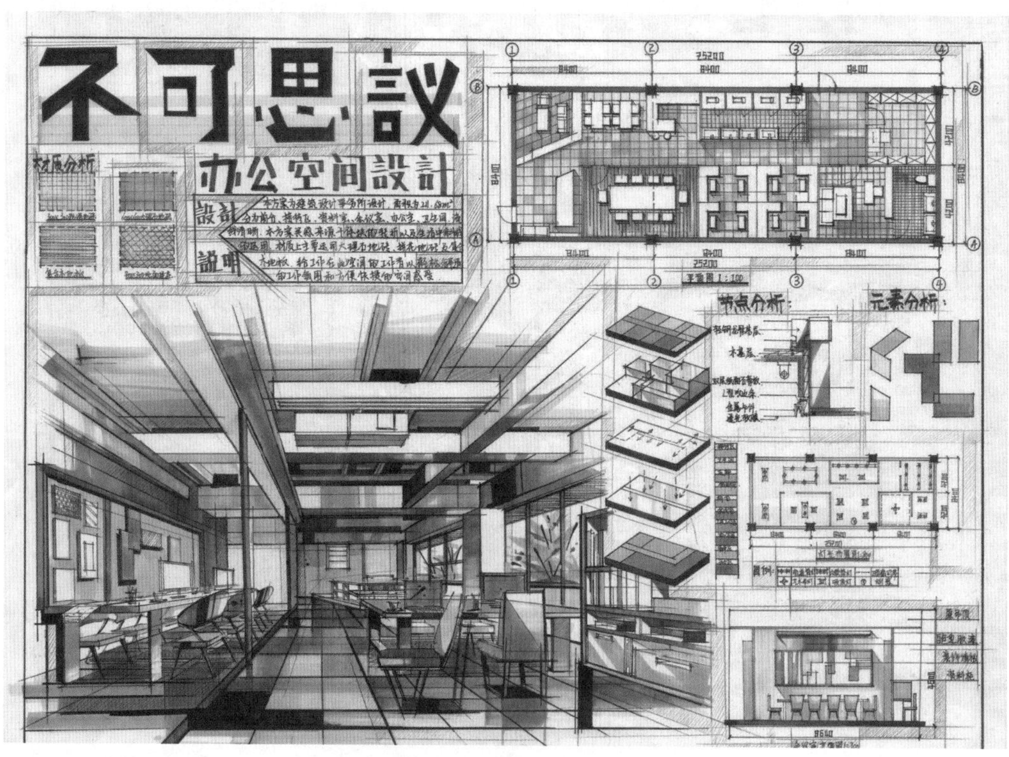

图 3-43

● 优点：方案空间主题性明确，可以让阅卷老师快速了解空间主题，构图排版紧密。

● 缺点：元素分析表达不够清晰，可适当丰富。

图 3-44

● 优点：主题颜色明确，快题作品具有整体性；分析内容全面，包括元素分析、材料分析、场景分析、家具分析、色彩分析、头脑风暴和轴测分析，这样一套完整的分析内容体现了设计者对题目的深度思考；构图排版逻辑清晰，小标题对应内容可让阅卷老师快速找到所需内容的位置。

● 缺点：立面设计略简单，应丰富材料及形式内容。

3.4 展示空间快题设计

3.4.1 展示空间设计分析

（1）分类

从大的功能定位分，展示空间主要分为三大类：文化展示空间、商业展示空间、专题展示空间（如大型综合博览会展厅）。

按展区面积来分，1000 m^2 以上为超大型展厅，600—1000 m^2 为大型展厅，100—600 m^2 为中型展厅，100 m^2 以下为小型展厅，考研快题中一般为中型展厅。

（2）设计要点

众所周知，展厅设计是一门综合的设计艺术，是一种实用的、以视觉艺术为主的空间设计，是一种对观众的心理、思想和行为产生影响的创造性设计活动——在会议、展览会、博览会活动中，利用空间环境，采用建造、工程、视觉传达手段，借助展具设施将要传播的信息和内容呈现在公众面前。所以在做展厅设计时，设计师要考虑的因素有很多。

① 空间考虑

设计要考虑展会工作人员数量和参观者数量。拥挤的展厅不但会使观展人的观展效率不高，还会使一些目标观众失去兴趣。反过来，空荡的展厅也会有相同的问题。而展厅面积是其中的主要影响因素。

② 展厅路线形式

有些参展企业希望展厅内有大量的能自由走动的观众，以吸引其他观众。而有些参展企业只让经筛选过的观众走进展厅，记录经筛选过的少数观众的数据。人流控制管理对参展企业来说是关键因素。因此，展厅空间设计人员在开始就要了解参展企业希望接待何种人群（图 3-45 ～图 3-50）。

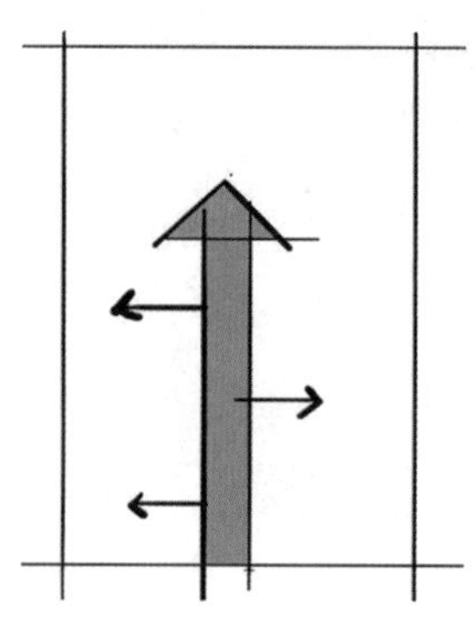

图 3-45

线形

从前至后的中心道路形式适用于狭窄的商业展示空间，路线可以是完全连续的通道，也可以设计一处让顾客绕行的中央岛形台。线形的路线形式是简洁高效的

图 3-46

环形

对于设有中央展示区和墙边展示区的商业展示空间而言，环形的交通方案会更加便利和高效。沿环形路线通行时，顾客能够同时到达墙边展示区和中央展示区

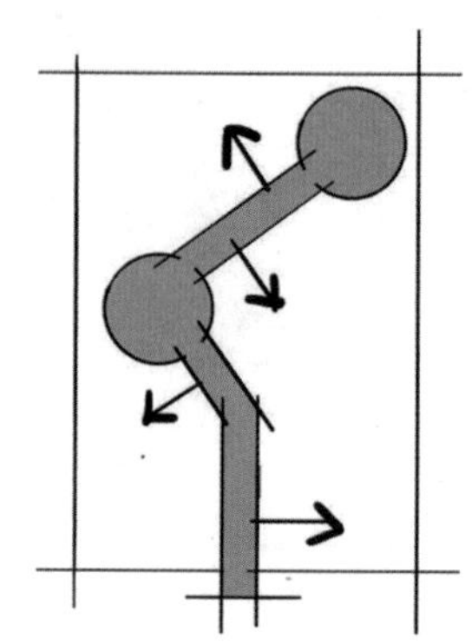

图 3-47

节点式

节点式的交通方案可以配合线形或环形的路线形式。上图是一个多方向的线形路线形式，此路线设计的特点是表现出一个或多个活动的发生场所。店内的活动可能在焦点的展示区，也可能在配合活动的扩展空间连接处

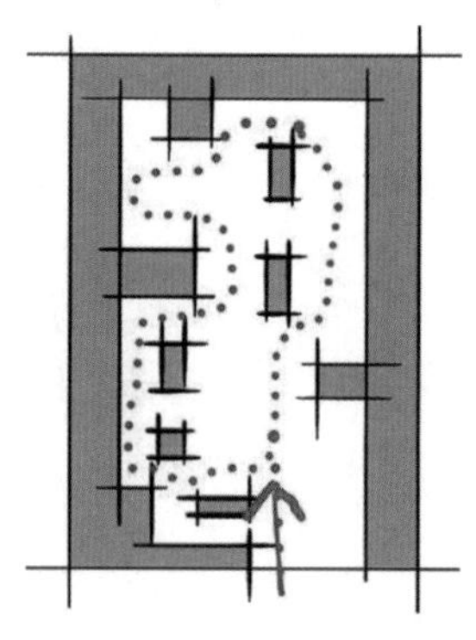

图 3-48

有机的线形

在本方案中，展架与展台的位置界定出能够通行的路线，从而形成了交通动线的模式。在线形的有机布局中，交通动线主要是从前至后，或由一侧前往另一侧的方式，相较于纯粹的环形路线，其通行更加自由

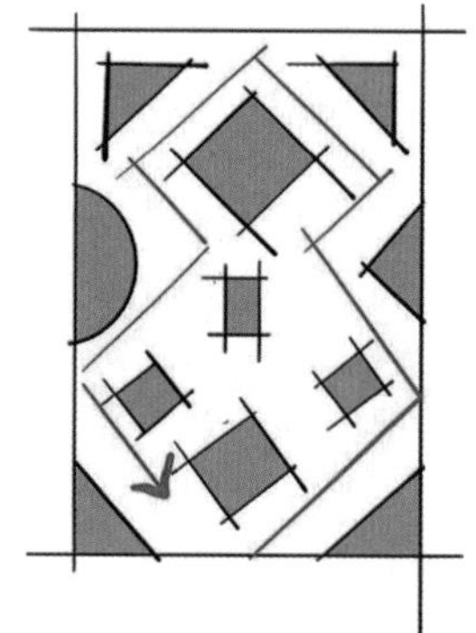

图 3-49

成角

在成角形式的交通方案中，虽然也是从前向后通行，但不是直接的线形方式。在本方案中，通行是斜向的，由于受到室内展台和墙面元素的限定，通道呈现特定的角度（如 45°）

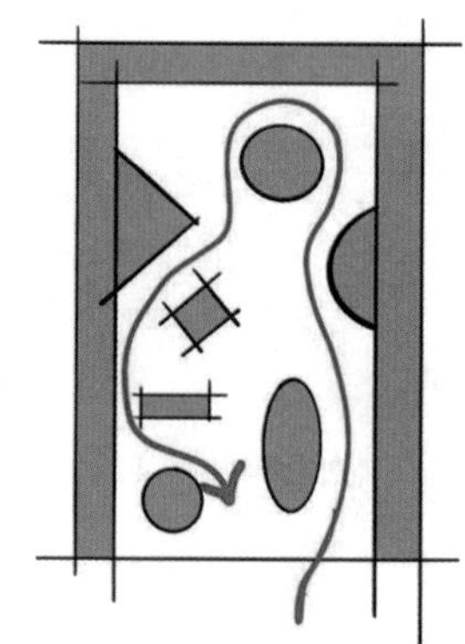

图 3-50

有机的自由形

本方案根据墙体和散布的展台位置所形成的通行模式，体现了高度有机的风格特点，展台的布局是有机和自由的，结果形成了更加曲折的通行方式

③ 设计简洁

人在一瞬间只能接收有限的信息。观众行走匆忙，若不能在瞬间获得明确的信息，就不会对其产生兴趣。另外，展厅设计过于复杂也容易降低展厅人员的工作效率。展品要选择有代表性的，必须有所取舍。简洁、明快是吸引观众的最好办法。照片、图表、文字说明应当明确、简洁。与展出目标和展出内容无关的设计装饰应减少到最低限度。

④ 突出要点

展示应有中心、有焦点，要能够吸引观众的注意。焦点选择应服务于展出目的，一般选择特别的产品、新产品、最重要的产品或者被看重的产品，并通过位置、布置、灯光等手段突出重点展品。

⑤ 主题明确

主题是参展企业希望传达给参观者的基本信息和印象，通常是参展企业本身或产品。明确的主题就是展览的焦点，应使用合适的色彩、图表和布置，用协调一致的方式形成统一的印象。

⑥ 功能分区

展览区、办公区（办公室、管理室、会议室、多功能厅）、交通区（楼梯、电梯、过道、门厅）、公共区（卫生间、休息活动区、简餐区、商店），可根据建筑面积对次要功能区进行取舍（图 3-51）。

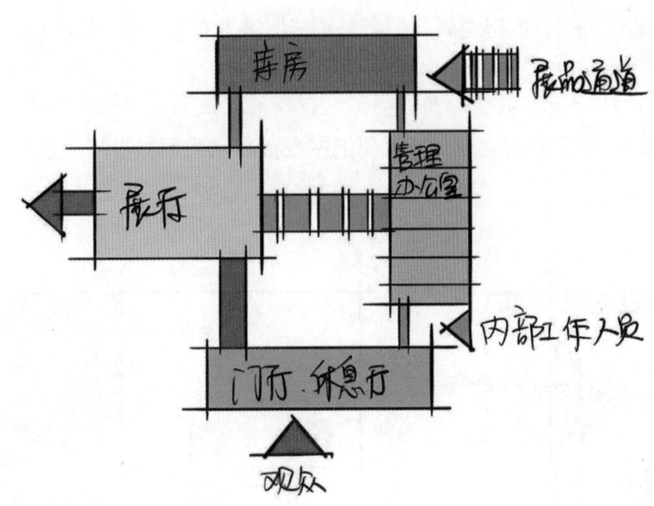

图 3-51

3.4.2 专卖店空间设计分析

专卖店空间是展示空间的一个分支，专卖店的主要功能是产品的展示和销售。专卖店空间设计的重要目标是吸引消费者进店，并让他们在店内轻松地选购产品。经过精心设计的视觉焦点能够吸引潜在的消费者前往店内最靠后的区域，同时，消费者在决定进入店内之前，可以在入口处的过渡区近距离观察。

无论在一个区域内还是整个店内，从前至后的商品陈设都是经过深思熟虑之后执行的。特色商品要靠近主通道，并且要容易被看到；次一级别的商品分布在整个店内，拥有各自固定的展示位置；热销的商品通常被放置在商店的后部，好比吸引顾客的磁石（图 3-52、图 3-53）。

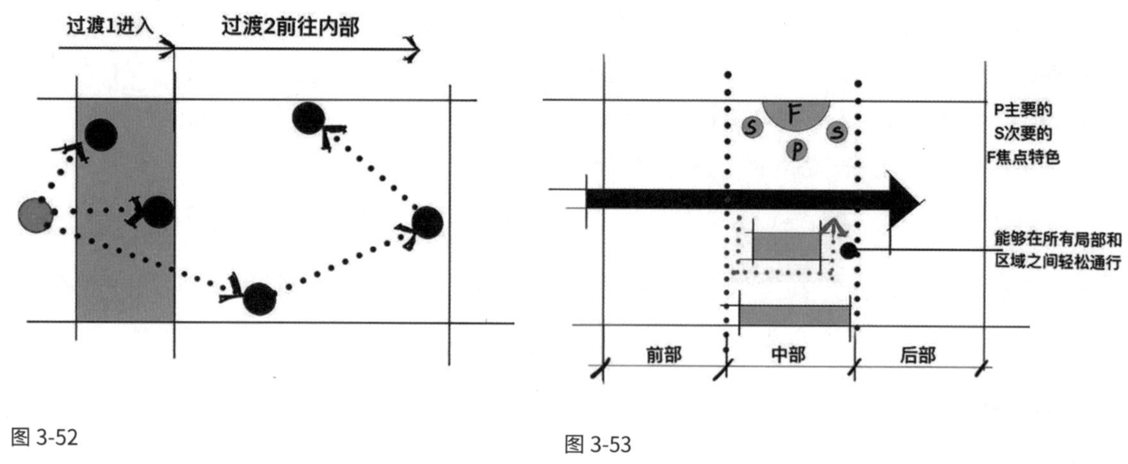

图 3-52

图 3-53

专卖店内的商品和展示设施通常会被移来移去。墙边区域的展架通常是固定的，部分能根据展示的产品进行调整（吊钩、搁板、衣架）。店内固定视觉焦点处的特殊展示产品也可根据需要更换（图3-54）。

在服务流线上，为了不占用重要的正面空间，应该将储藏室、员工卫生间、经理办公室和发货（收货）区等功能区安排在商店后面的空间中。零售空间内的服务功能区通常仅限于设置收银台（图 3-55）。

处理柱子等建筑元素和预留合适的净空尺寸是非常重要的设计要点。展示台或纵向的展架通常会设在柱子和壁柱周边。展示区的净空需要保证人们可以从正在查看商品的顾客身旁通过。

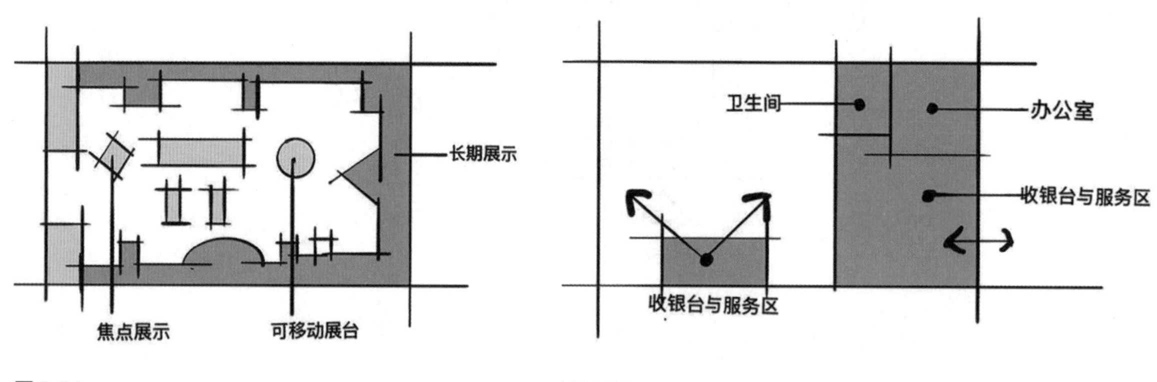

图 3-54

图 3-55

3.4.3 快题点评

如图 3-56 ～图 3-61。

图 3-56

● 优点：此方案为科技展馆，以现代科技产物作为元素，突出画面视觉中心部分，营造出具有科技感的空间。

● 缺点：视觉化的装饰图案过于丰富，可稍微减少该部分，增加室内空间设计的分析思路。

图 3-57

● 优点：排版新颖大胆，室内空间顶部装置造型夸张、丰富，视觉冲击力很强。

● 缺点：立面图的设计感欠佳，未能很好地体现材料、造型等设计点，元素分析可以更丰富些。

图 3-58

● 优点：画面风格统一，配色大胆、丰富，表现效果强烈；通过造型元素演变突出展柜设计，主题空间表达明确、到位。

● 缺点：平面图比例偏小，立面形式相对薄弱。

图 3-59

● 优点：此方案以载人航天发射架为灵感，并将其运用至室内空间结构中。很多学生将思路局限于在空间内加入主题展品，应当拓宽思路，与主题有关的内容都可作为思路延伸。

● 缺点：平面图和立面图比例较小，在排版构图中，每个板块的大小应适当考虑方案的逻辑性。

图 3-60

● 优点：画面整体色调统一，排版逻辑清晰，门楣图的设计呼应了室内空间设计元素，很好地贯穿了设计思路，阅卷老师可以快速理解作者的想法。

● 缺点：设计说明字数偏少。

4

室内快题设计内容

4.1 设计理念与分析图

4.2 平面图

4.3 立面图

4.4 效果图

4.5 顶棚设计图

4.6 设计说明

4.7 版式设计

4.1 设计理念与分析图

4.1.1 设计理念

设计理念是设计师在构思空间作品过程中所确立的主导思想，它赋予作品文化内涵和风格特点。好的设计理念至关重要，它不仅是设计的精髓所在，还能令作品更加个性化、专业化，具有与众不同的效果。快题设计在短时间内所强调的是在空间内设计思维的表达及逻辑性的体现，如何将设计思维放大并贯穿于快题之中非常重要。在强调设计理念的同时，连贯地对所做方案进行阐述是快题的核心所在。

4.1.2 分析图

目前，各高校考试大纲都在强调分析图的重要性。如何让老师理解考生的设计思维，画面中如何体现对考题的思考过程，以及如何展现思考的逻辑性已然成为快题取得高分的关键。为了能在短时间内向阅卷老师清晰、明了地传达设计意图与想法，需要重点表达分析图。下面介绍如何表达分析图。

（1）项目前期分析——地域分析及人群分析

室内设计解决的是人、机、环境三者之间关系的问题，一个好的设计理念也应该从这三个方面入手。因此，对主题空间内对应人群的分析尤为重要，同时，结合方案所处地域的影响分析，才能更贴近实际、合理。在考试中，结合题目的要求，定位该项目所处的区域环境与使用人群的特点、功能需求，才能做出更加贴合题意的快题方案，取得高分。除此之外，在方案前期，需要进行分析的其他方面都可以在快题中加以分析和表达（图 4-1 ～图 4-5）。

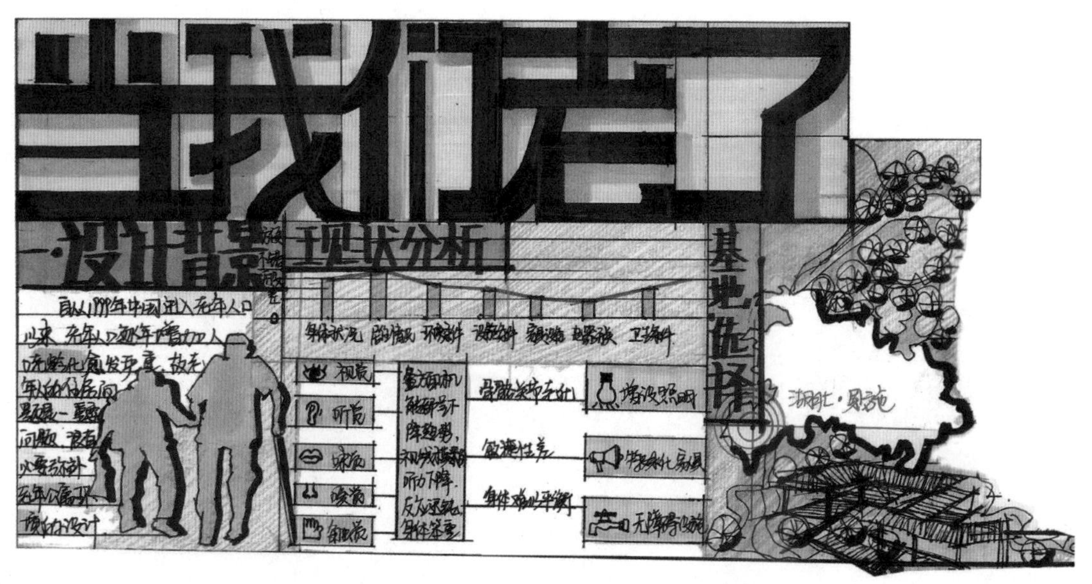

图 4-1

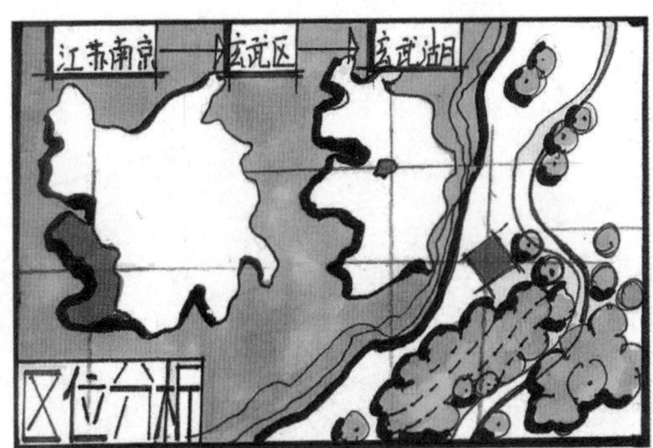

图 4-2

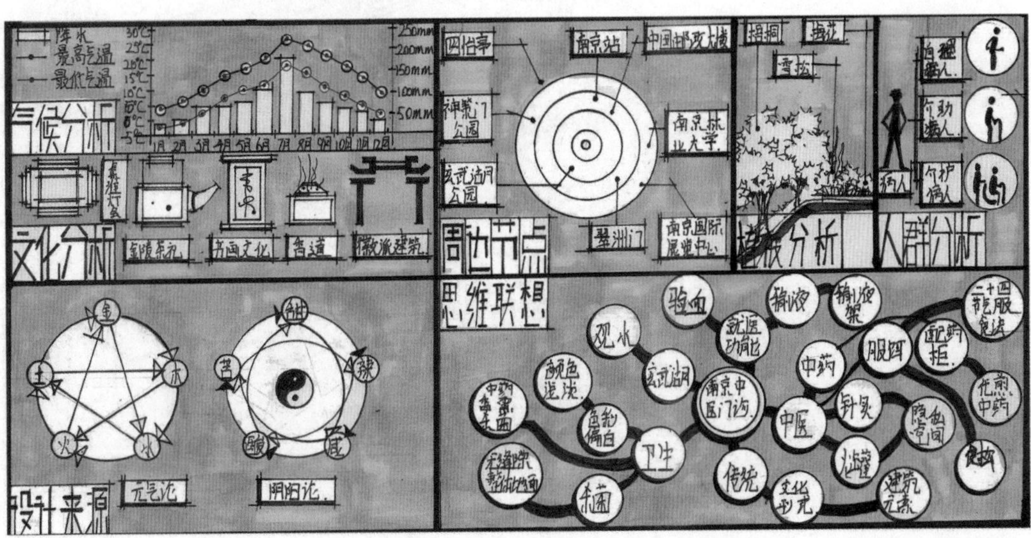

图 4-3

图 4-4

图 4-5

（2）功能流线分析

平面布局设计最基本的要求就是满足功能需求，并保证人流动线清晰。功能流线分析就是用简单的图形来分析功能组合及流线特征，功能和流线之间是密切相关的，在设计过程中可以将两者结合起来分析，也可以分开分析（图 4-6～图 4-10）。

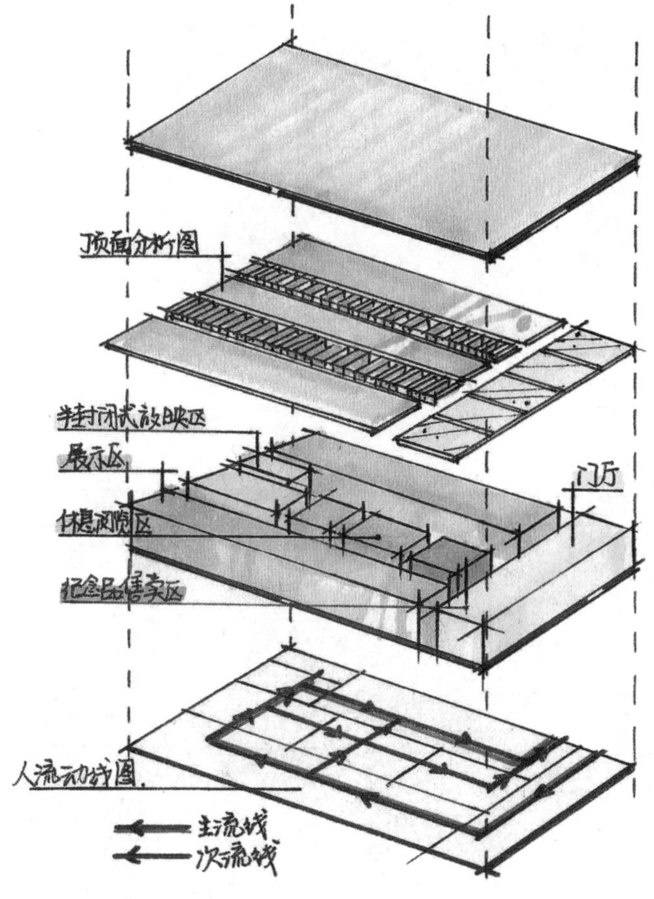

图 4-6

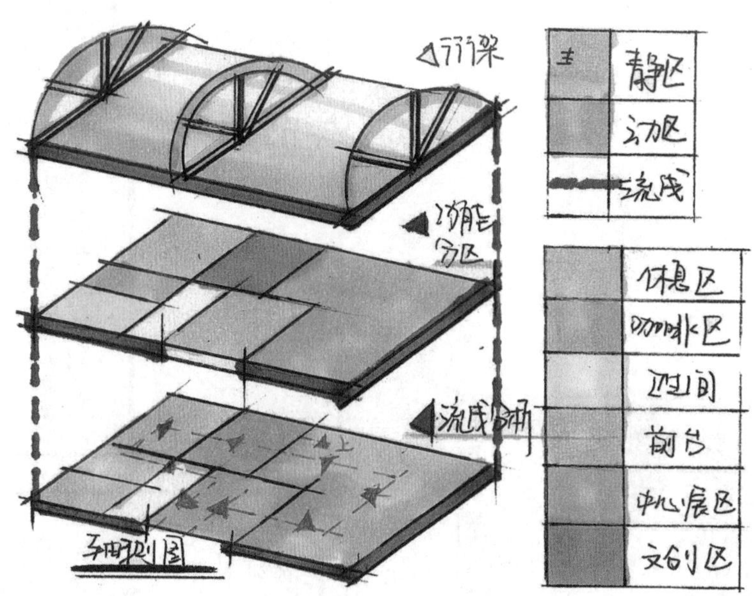

图 4-7

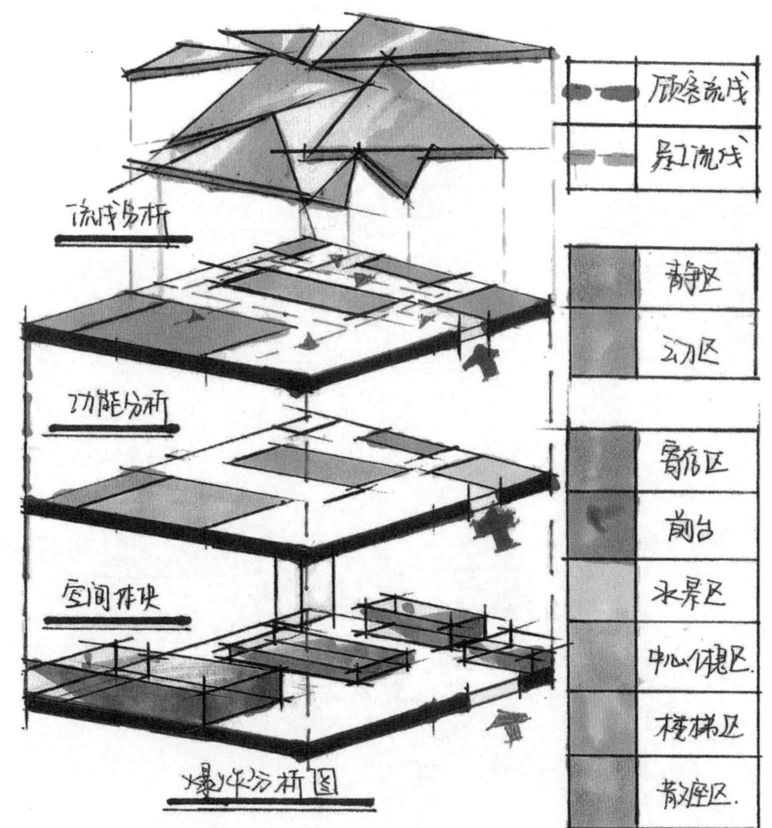

顾客流线
员工流线
流线分析
静区
动区
功能分析
前台
水景区
中心休息区
楼梯区
散座区
空间体块
爆炸分析图

图 4-8

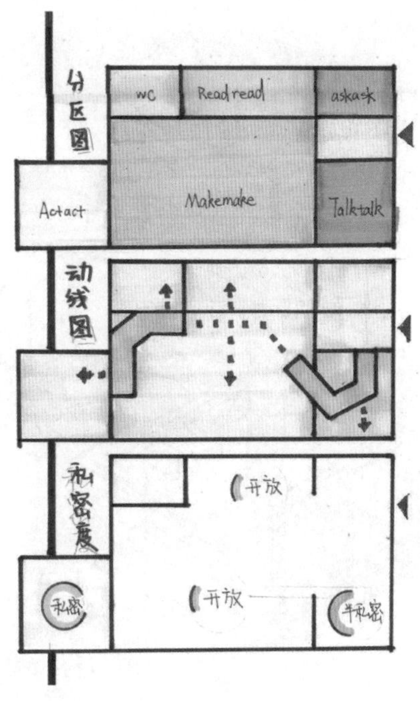

分区图
wc
Readread
askask
Actact
Makemake
Talktalk
动线图
私密度
开放
开放
私密
半私密

图 4-9

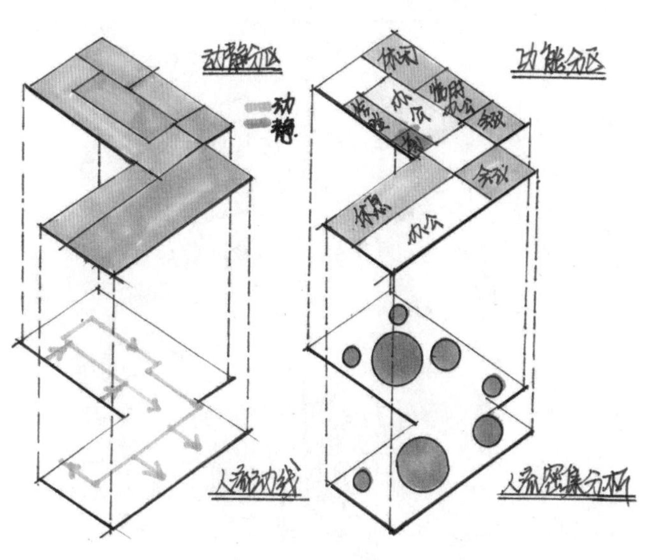

动静分区
动
静
功能分区
人流动线
人流密集分析

图 4-10

（3）空间分析

空间分析是指对某一空间的独到的设计手法和意图进行分析，通过三维的方式直观地体现空间和流线的关系、空间尺度、空间功能等内容。在表现上可采用轴测图的方式，但不需要太详细，用几何体块、明暗体块或色彩体块表现即可（图 4-11 ～图 4-17）。

图 4-11

图 4-12

图 4-13

图 4-14

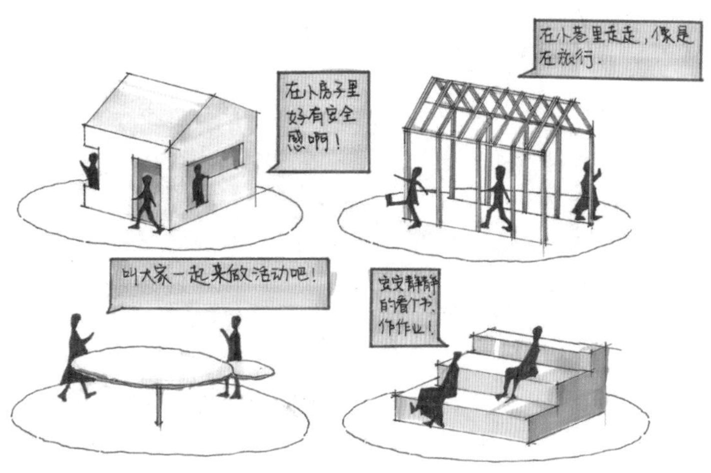

图 4-15

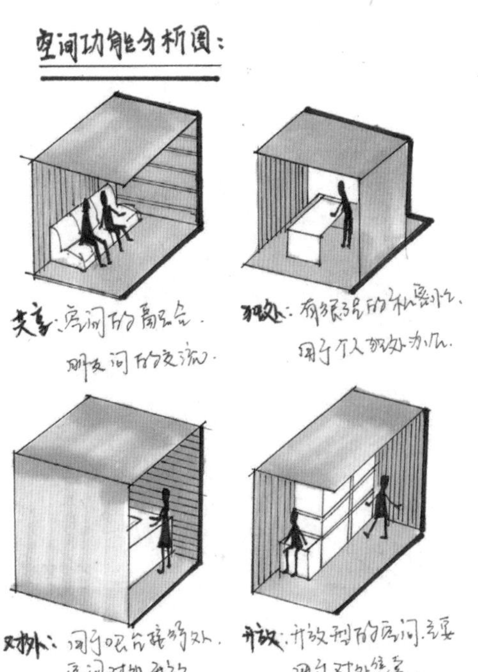

图 4-16

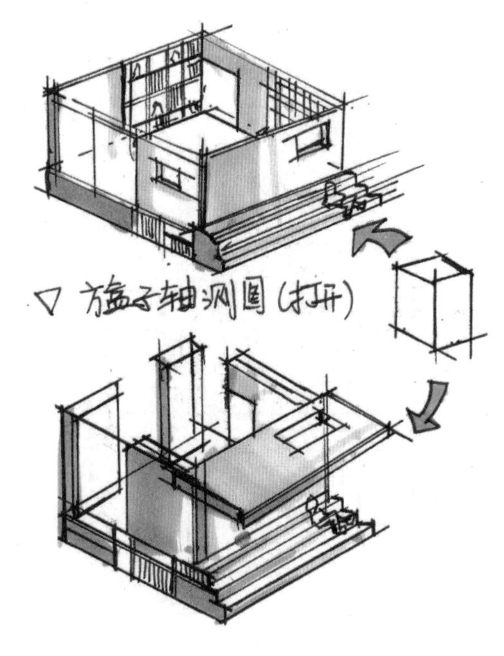

图 4-17

（4）元素分析

设计元素要与设计主题相呼应，设计元素的来源可以是具体的某一物体，如山、水、石、树等，也可以是抽象的文化，如诗歌、传统文化等。在设计过程中可直接使用原有的形态，也可以对其进行分析、变形，提炼后再运用（图 4-18 ～图 4-22）。

图 4-18

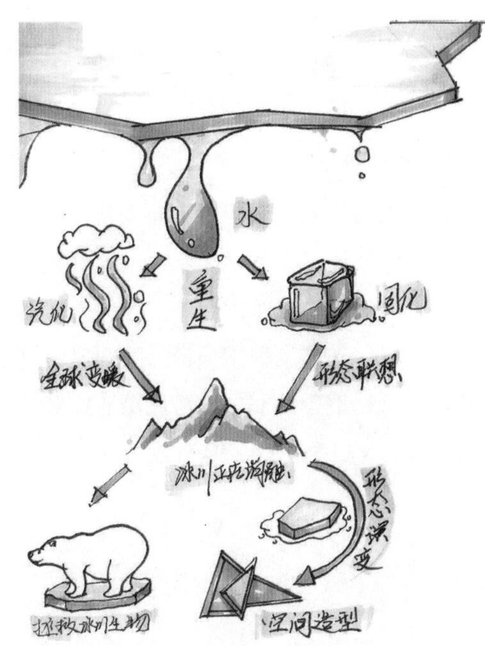

图 4-19

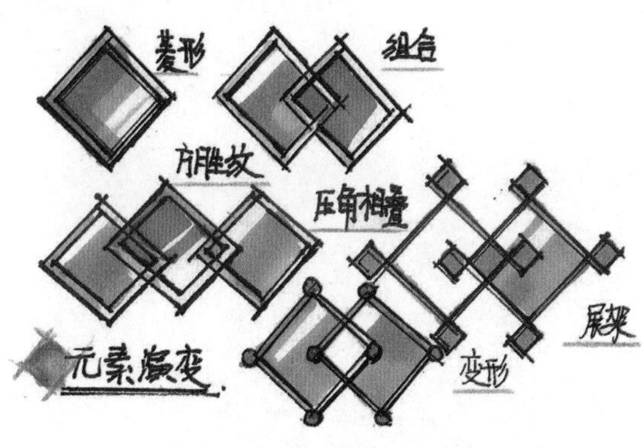

图 4-20

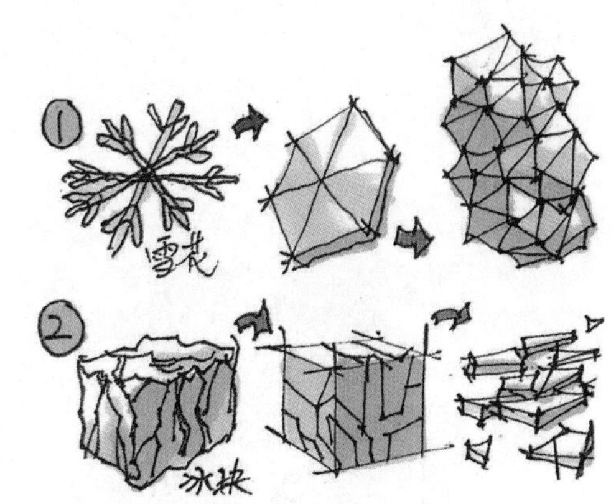

图 4-21

图 4-22

（5）材质分析

材质是营造空间氛围的一种物质衬托，如木材、石材、玻璃、布艺等，包含色彩、纹理、光滑度、透明度等多重属性，因此材质分析可从两个方面着手：对空间中使用的几种主要材质进行简单的罗列及说明；深入分析材质特征与运用方式等（图 4-23、图 4-24）。

（6）其他分析

不同的主题空间所对应的不同人群，需求也有所不同。设计本身就是从发现问题到解决问题的过程。除以上分析内容外，通风光照分析、色彩分析、人体工程学分析、头脑风暴等分析形式也可运用于画面中，辅佐阐述快题的设计理念（图 4-25 ～图 4-29）。

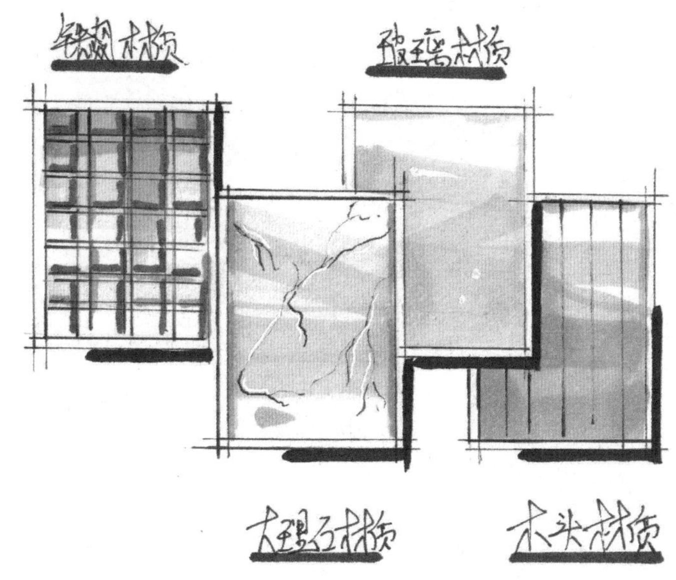

图 4-23

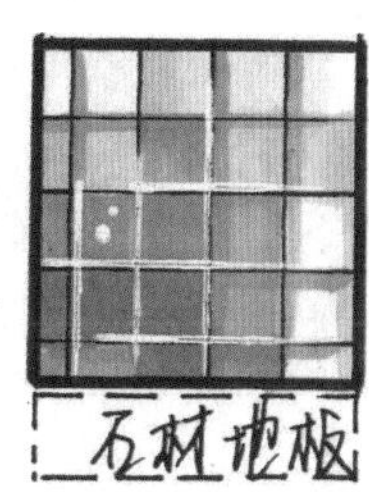

图 4-24

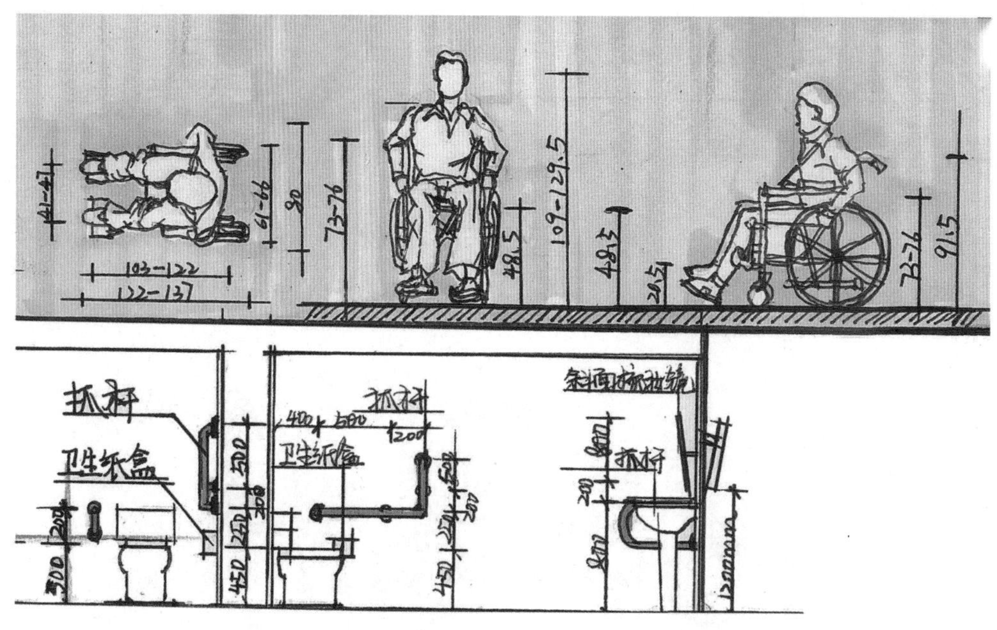

图 4-25

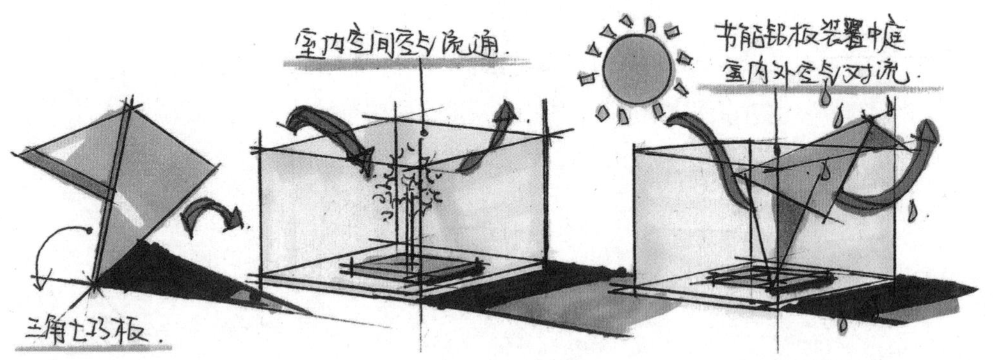

图 4-26

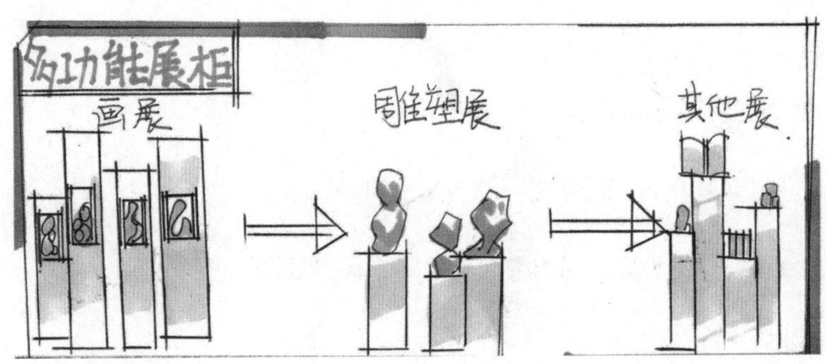

图 4-27

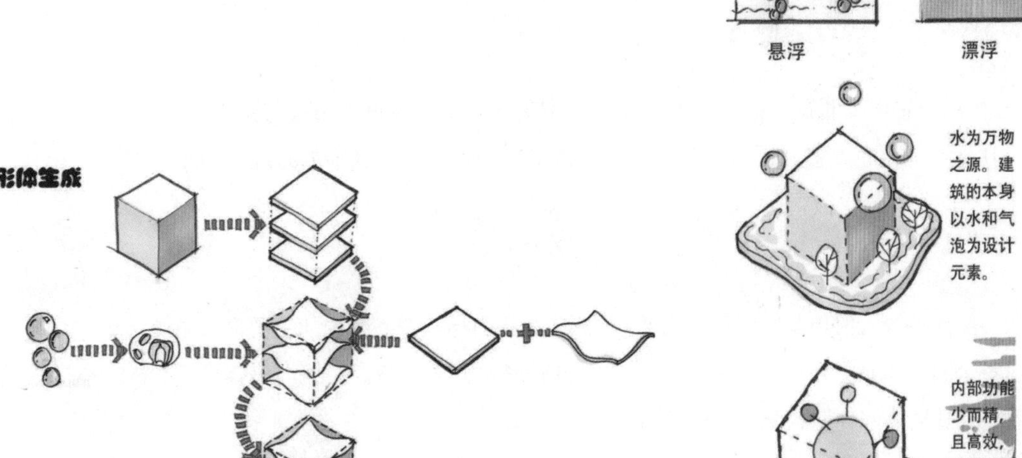

图 4-28

图 4-29

4.2 平面图

平面图是设计方案中的一个重要部分，是考生表达设计意图的方式，是阅卷老师判断考生设计能力是否达标的直接依据。因此，平面图在评分中所占的比重最大。室内各功能空间的布局、室内人流动线、家具陈设方式都要在平面图中清晰地体现出来。除此之外，还要注重平面图的制图规范及美观程度。

4.2.1 绘制要点

第一，合理组织室内各功能区，如开放性空间、私密性空间、半私密性空间。

第二，清晰布置交通流线，流线组织是否合理将直接影响空间的使用质量。

第三，准确表达平面图中各物体之间的大小关系，如餐桌的大小、家具的大小、地砖的大小等都要在一个比例范围内。

第四，准确表达各物体之间的位置关系，如门窗的位置、绿化的位置等。

第五，把握好不同功能区之间的地面铺装材质变化，可利用铺装的变化分割功能空间。

第六，局部交代平面图上有高度的物体的投影，强调物体与地面之间的空间关系，丰富平面图层次。

4.2.2 表现内容

平面图的表现内容有墙体、隔断、门窗、各空间大小及格局、家具陈设、室内绿化、地面材质等。图中须标注尺寸、轴线编号，地面材质及规格，房间名称，室内地坪标高，详图索引号、图例及立面内视符号，图名和比例，必要时辅助文字说明。

4.2.3 常用设计方法

（1）横平竖直

这是一种常见的平面布局方式，整体平面布局呈矩形网格状，但要注意不同方格空间的节奏与韵律（图4-30，单位：mm）。其优点是空间规整，较容易掌控；缺点是不容易吸引阅卷老师的眼球，效果图表现力偏弱。

（2）转角形式

这种形式普遍运用于入口处，一般入口与空间的角度为45°，形成视觉引导。空间布局的主要形式也随45°网格转角展开（图4-31，单位：mm）。其优点是空间布局形式灵活、新颖；缺点是容易产生空间死角，如运用不当会导致空间拥挤，降低空间使用率。

（3）曲线形式

这种形式是运用流畅的曲线形成丰富多变的空间形态（图4-32，单位：mm）。其优点是形式优美浪漫，空间形态丰富多变，更能展现考生的设计想法与能力，表现效果往往比较突出；缺点是造价高，效果图不好把控。

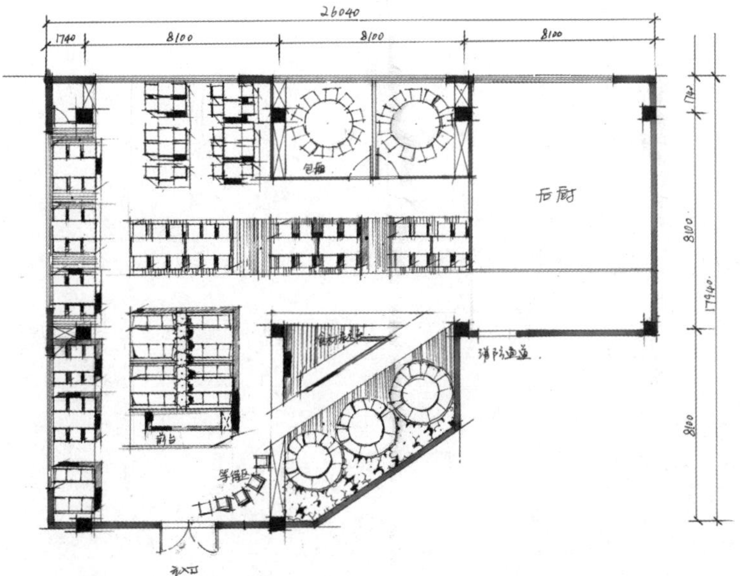

图 4-30

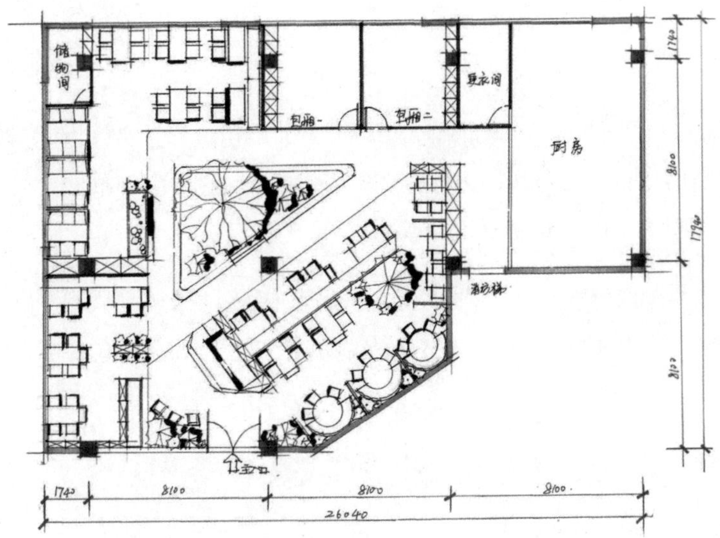

图 4-31

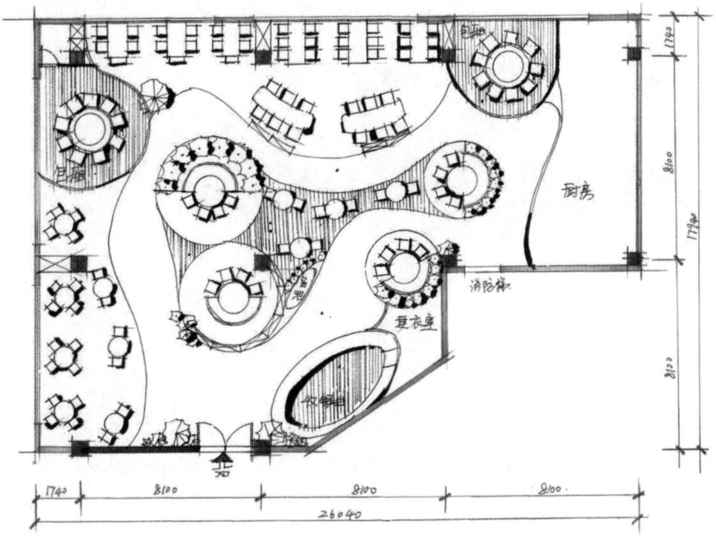

图 4-32

4.2.4 制图规范

（1）常用线型

按照建筑制图的标准，在绘制平面图的时候要区分线型及线宽，如外墙线的线宽和家具的线宽是有区别的。因此，在绘制室内图的时候应注意承重部分的线宽加重。

（2）线性尺寸

线性尺寸指长度尺寸，单位为 mm，它由尺寸界线、尺寸线、起止符号和尺寸数字四部分组成（图 4-33）。

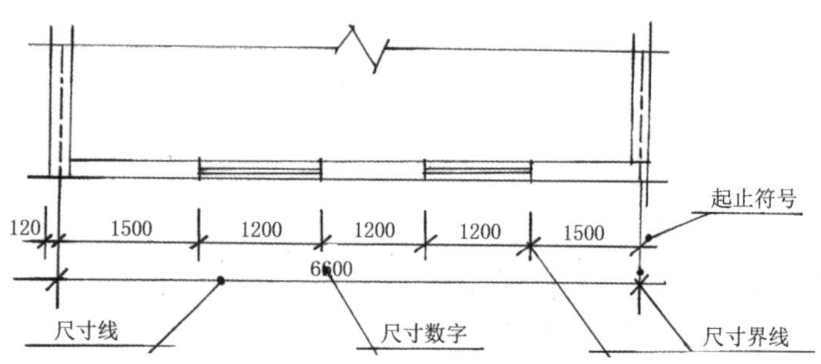

图 4-33

尺寸界线用细实线绘制，与标注长度垂直，一端离图样轮廓线不小于 2 mm，另一端超出尺寸线 2—3 mm，图样轮廓线可用作尺寸界线。尺寸线用细实线绘制，与被标注线段平行。起止符号一般用中粗斜短线绘制，与尺寸界线成顺时针 45°，长度为 2—3 mm。

尺寸数字应标注在尺寸线上方中部的位置。如果室内设计图中出现连续重复、不易表明定位尺寸的构配件，可在总尺寸的控制下，用“均分”或者“EQ”替代数值表示定位尺寸。常用字高度为 1.8 mm。

图样中的汉字应采用简体字，字体为长仿宋字体。

（3）比例尺和图名

平面图的比例尺要根据考题给出的建筑面积和考试纸张大小来确定，比例尺的选择多为 50 的倍数。以 A3 纸为例，100 m^2 以下的空间多采用 1 ：50 的比例尺，200 m^2 左右的空间多采用 1 ：100 的比例尺，300 m^2 以上的空间多采用 1 ：150 的比例尺。在室内快题设计中，这三种比例尺使用得较多。

图名的标注形式为粗实线在上，图名写于粗实线上，比例紧跟其后（图 4-34）。

平面布置图　**1 ：100**

图 4-34

（4）定位轴线

定位轴线采用单点画线绘制，端部用细实线画出直径为 8—10 mm 的圆圈。横向轴线编号应使用阿拉伯数字，从左至右编写；纵向编号应用大写拉丁字母，从下至上编写，但不得使用 I、O、Z 三个字母（图 4-35、图 4-36）。

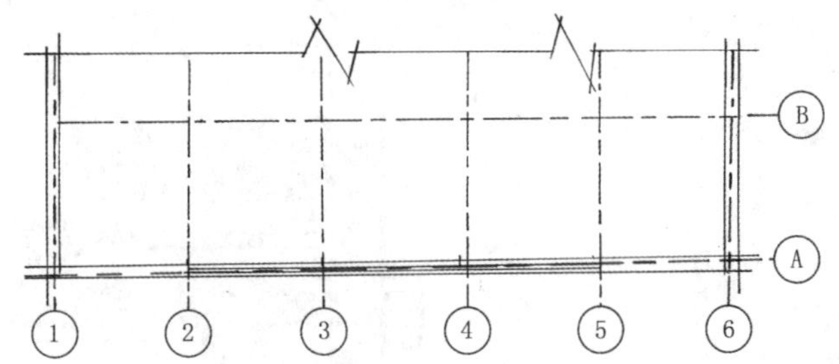

图 4-35

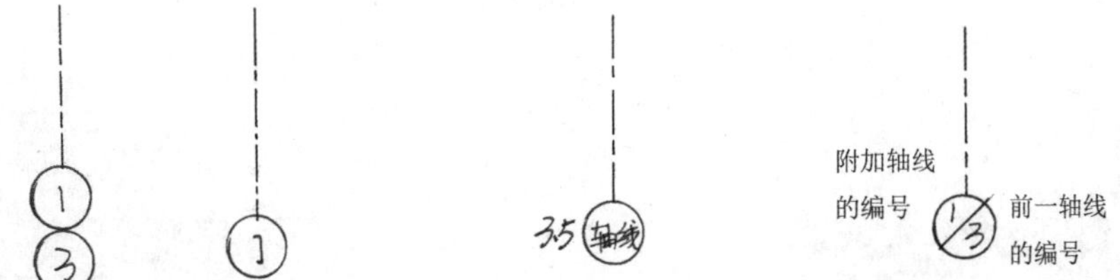

一个详图适用于几个轴线时的注法　　通用详图的轴线号注法　　在两个轴线之间如有附加轴线时的注法

图 4-36

（5）立面指向符号

立面指向符号用于表示室内立面图的位置及编号。立面指向符号由一个等边直角三角形和细直线圆圈组成。等边直角三角形的直角所指的垂直截面就是立面图所表示的界面。圆圈上半部分的字母或数字为立面图的编号，下半部分的数字为该立面图所在的图纸的编号。快题中一般只有一张图纸，因此图纸编号可用一条横杠表示（图 4-37）。

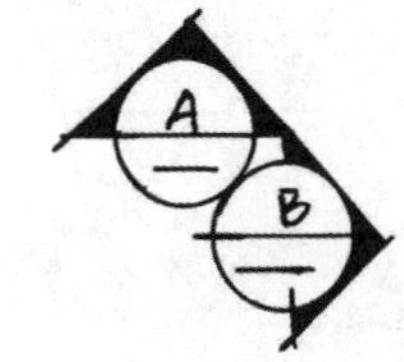

图 4-37

4.2.5 平面图参考

如图 4-38 ～图 4-48（单位：mm）。

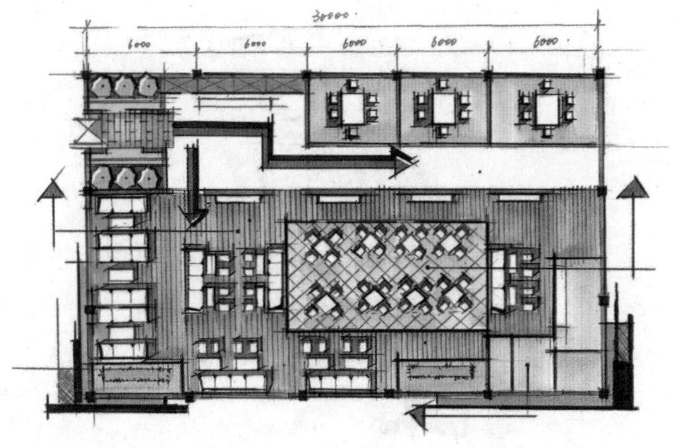

图 4-38

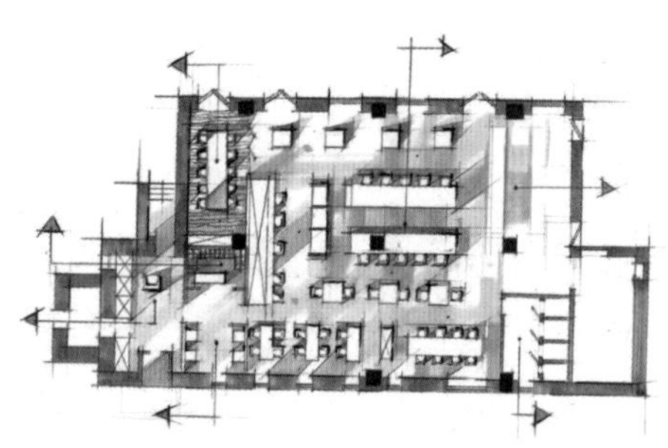

图 4-39

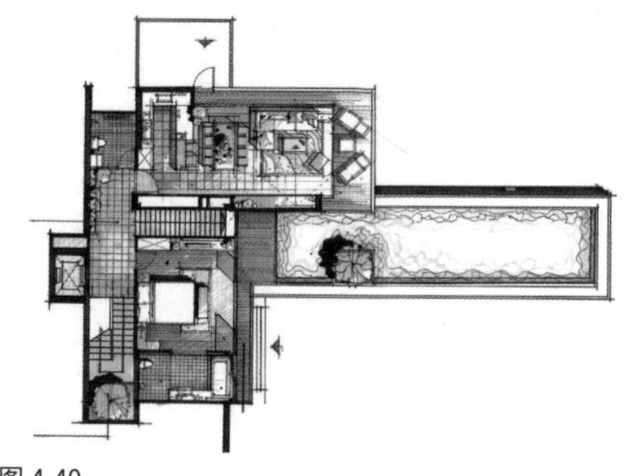

图 4-40

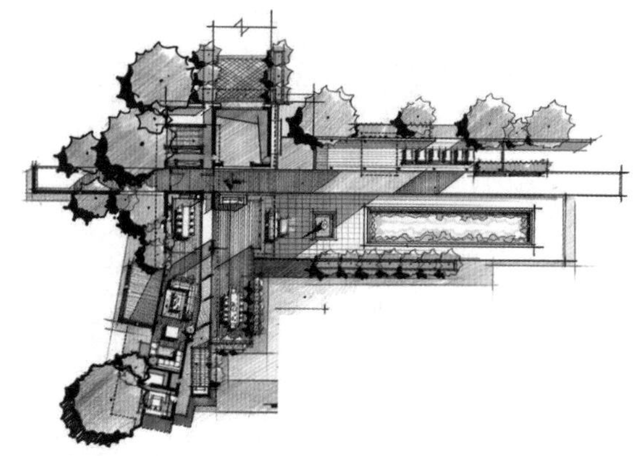

图 4-41

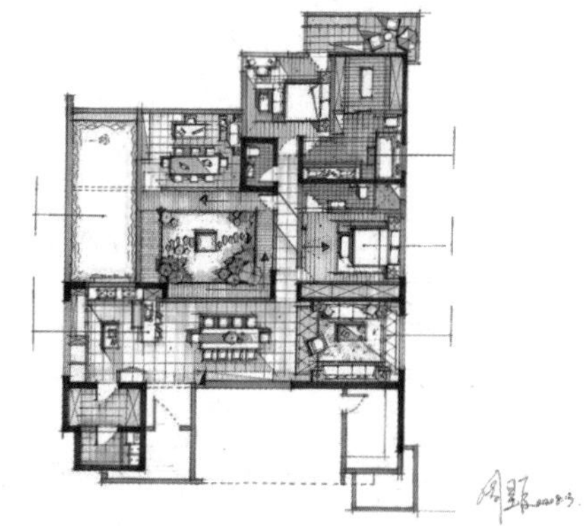

图 4-42

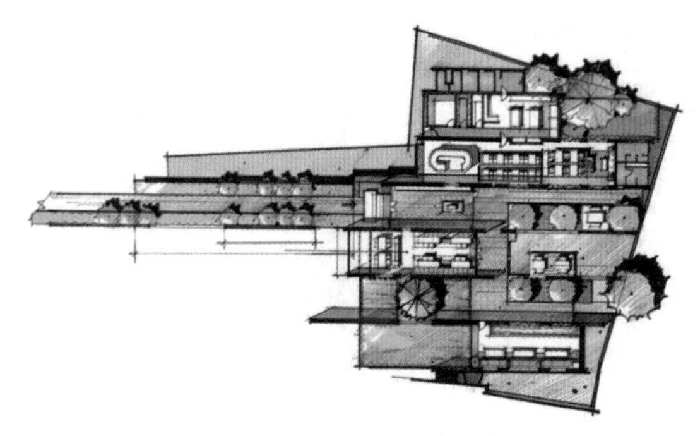

图 4-43

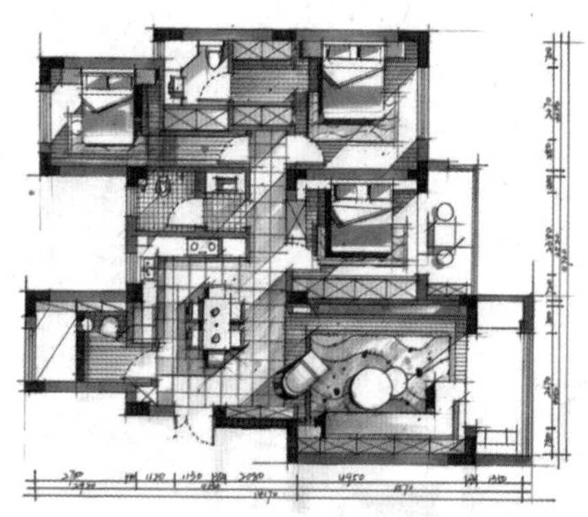

图 4-44

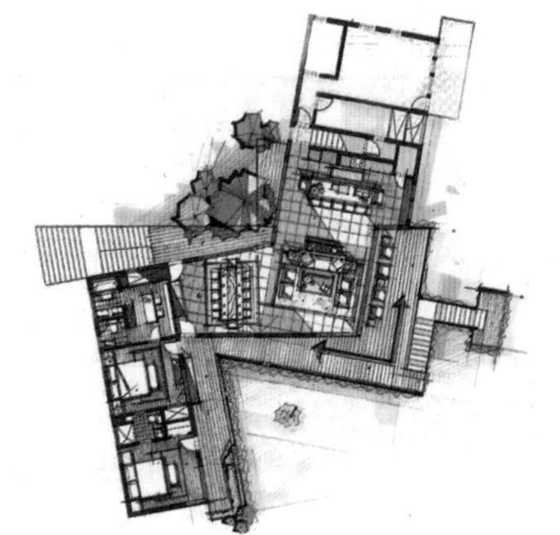

图 4-45

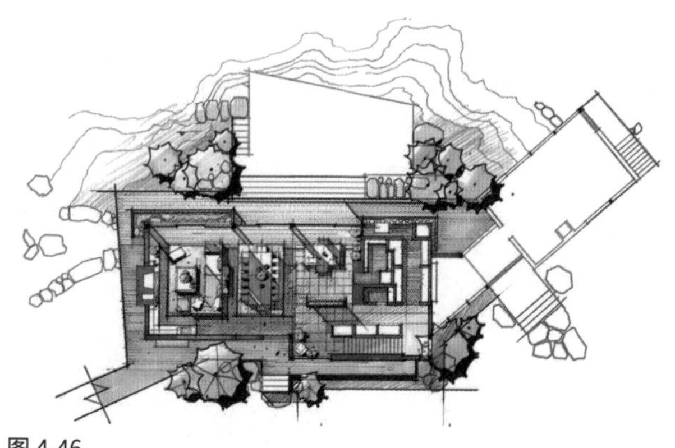

图 4-46

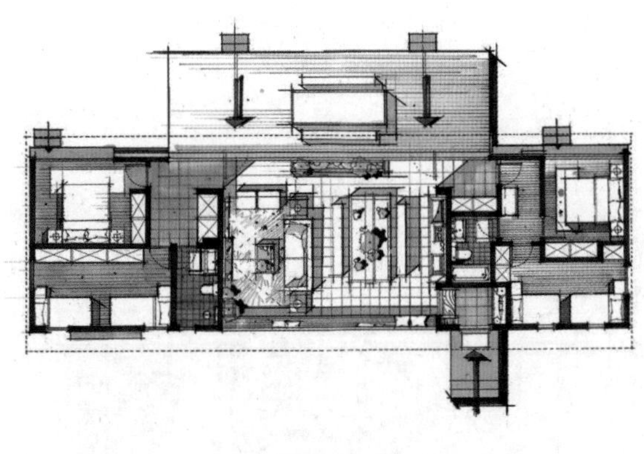

图 4-47

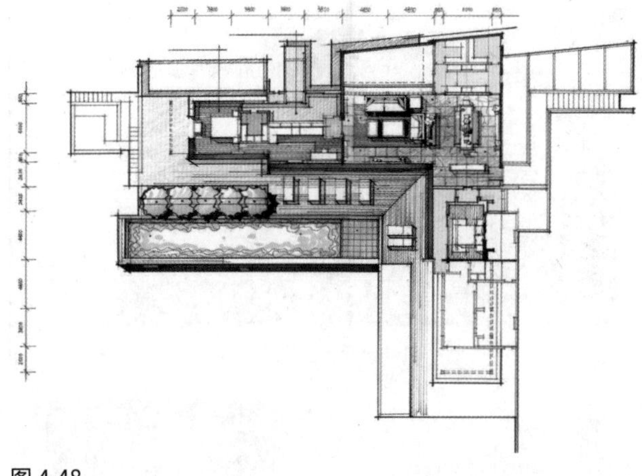

图 4-48

4.3 立面图

以平行于室内墙面的切面将前面部分切取后，剩下部分的正投影图即室内立面图。

4.3.1 表现内容

表现内容有墙面造型、材质及家具陈设在立面图上的正投影图，门、窗立面及其他装饰元素立面等。图中标注立面各组成部分尺寸，地坪、顶棚标高，材质名称，详图索引号、图名、比例等。

4.3.2 绘制要点

第一，立面图设计必须与平面图、效果图相吻合，包括平面图上的家具尺寸、摆设及整体环境营造。

第二，立面图设计必须遵循题目要求，设计造型、设计元素与设计主题和功能相吻合，不能为追求形式美而脱离现实。

在具体设计上须熟练掌握材质特性和施工工艺，在设计中考虑其可行性。

4.3.3 常用设计方法

（1）节奏与韵律

立面设计方法与效果图基本一样，在考试中有些考生不知道该表现哪个立面，当出现这种情况时，说明设计出现了问题，需要重新调整自己的思路和设计方法。有些考生喜欢选择一整面玻璃窗作为主要立面表达，这种方式是不可取的，因为这种形式不仅无法表现出个人的设计想法，更没有设计感可言。在设计中应善于运用设计元素在立面造型中形成节奏变化，丰富立面设计。

（2）对比与变化

利用不同材质、不同颜色、不同形状的对比表达出设计的主题思想。

4.3.4 立面图参考

如图 4-49 ～图 4-62。

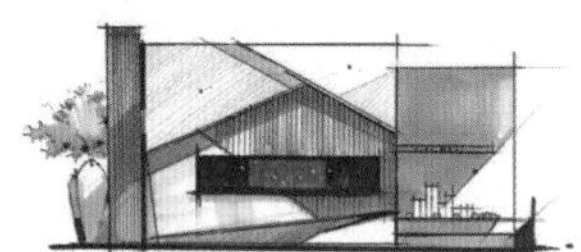

图 4-49

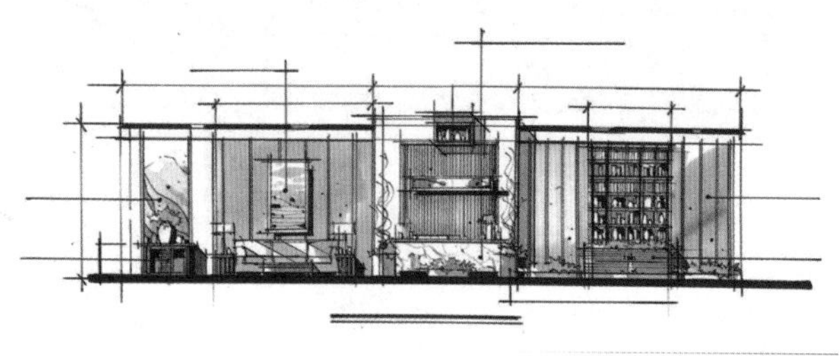

图 4-50

图 4-51

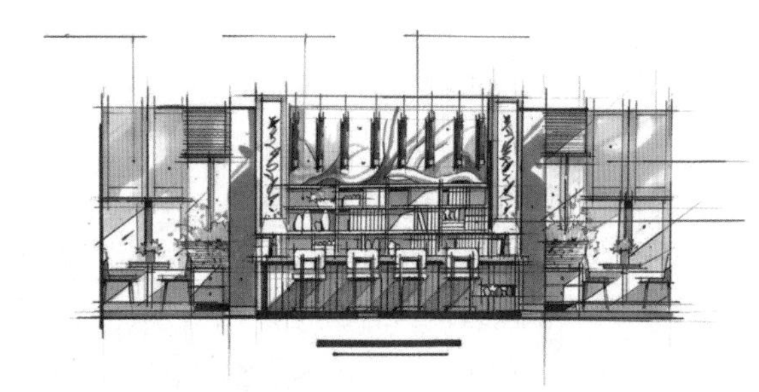

图 4-52

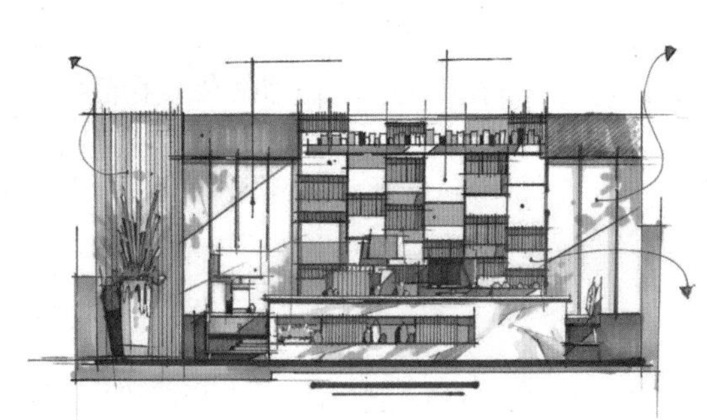

图 4-53

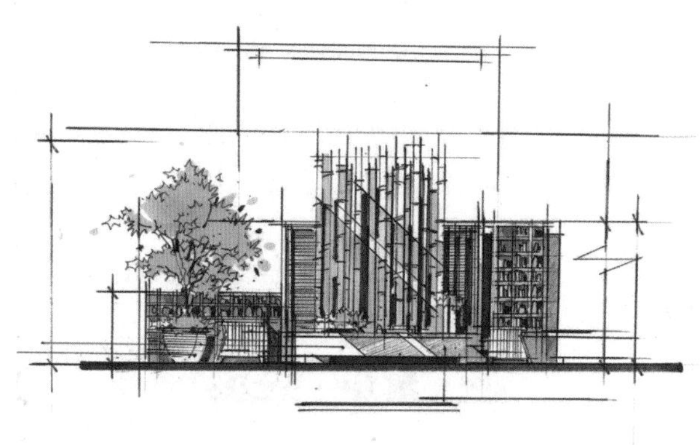

图 4-54

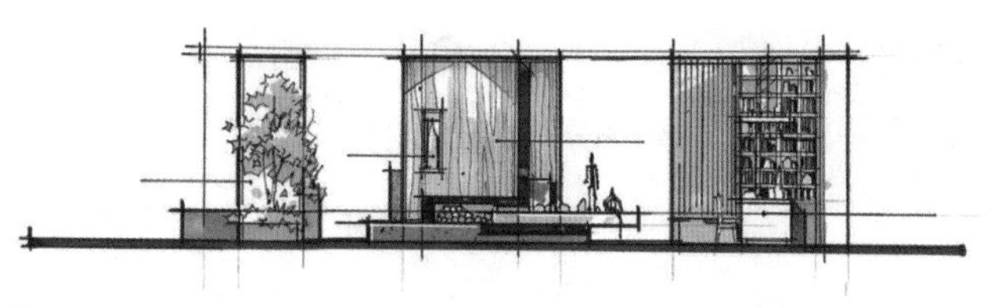

图 4-55

图 4-56

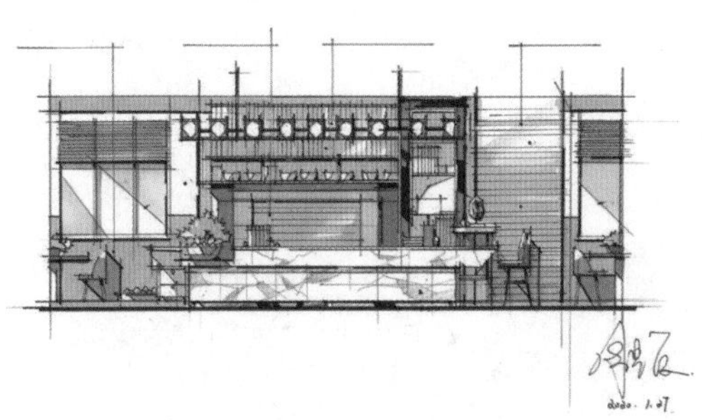

图 4-57

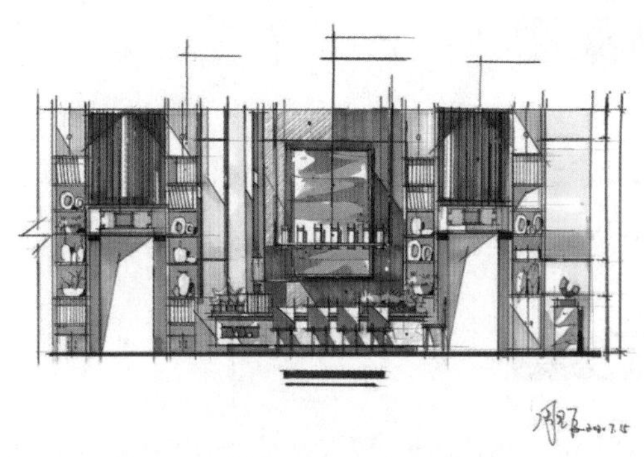

图 4-58

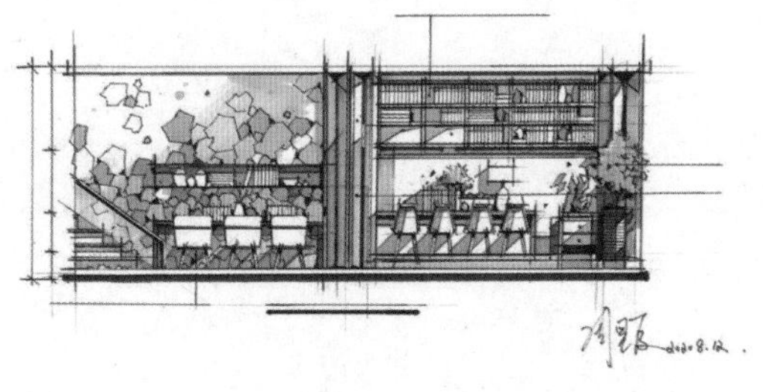

图 4-59

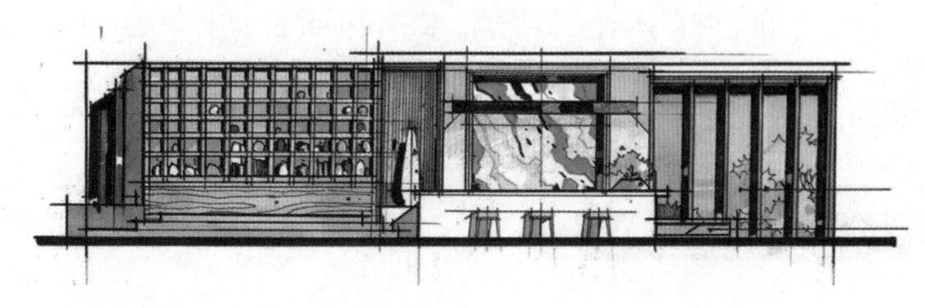

图 4-60

图 4-61

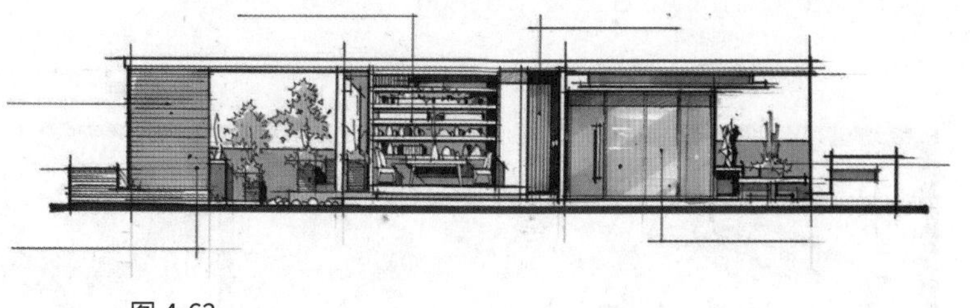

图 4-62

4.3.5 立面常用材质与表现

如图 4-63。

图 4-63

4.4 效果图

效果图是直观反映考生预想中的室内空间色彩、材质、光照等装饰艺术效果的一种表现形式，能够让阅卷老师更快速地了解创作意图、空间性能及特点。

4.4.1 绘制要点

第一，透视准确、结构清晰、陈设之间的比例关系正确。

第二，素描关系明确、层次分明、空间感强。

第三，明确室内整体的色彩基调，依据不同的空间环境确定色彩基调。

第四，设计感强，表现风格元素与立面图和效果图和谐、统一。

4.4.2 空间设计方法

空间是效果图表现的重点，空间即三维空间。如果把整个空间概括成一个盒子，在效果图表现上，选择一个盒子的空间最为常见（图 4-64、图 4-65）。如果要表现出两个或两个以上空间之间的关系，凸显空间设计层次与亮点，效果图要选择能展现多个空间内容的角度进行表达，这类空间效果图可以概括成多个盒子的组合空间（图 4-66、图 4-67）。

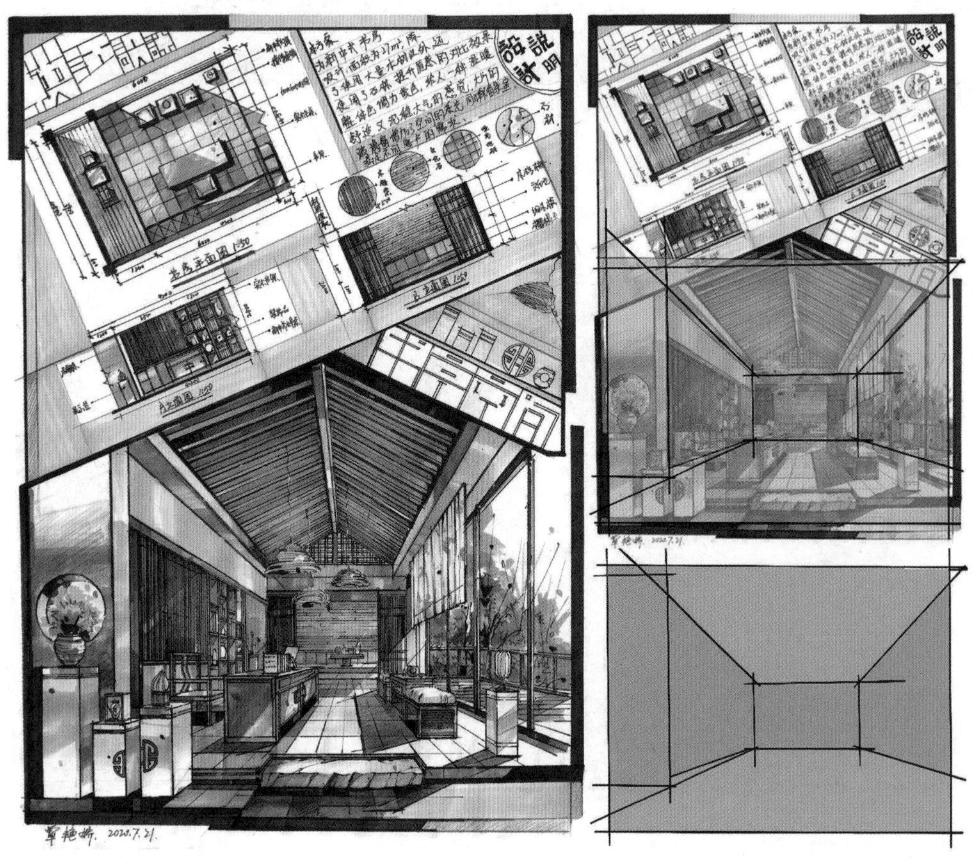

图 4-64

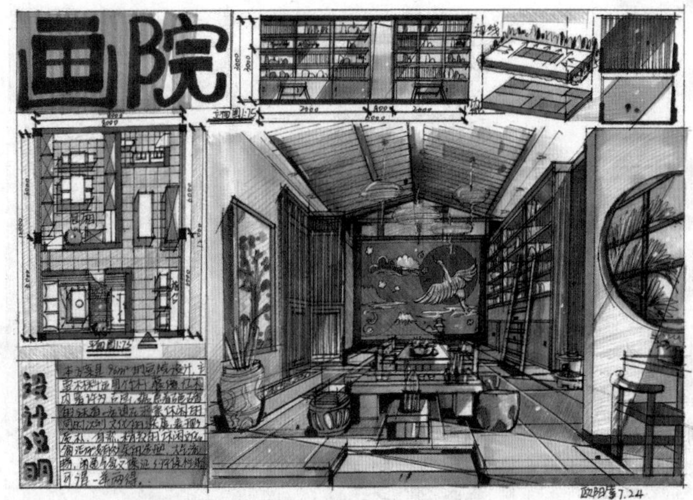

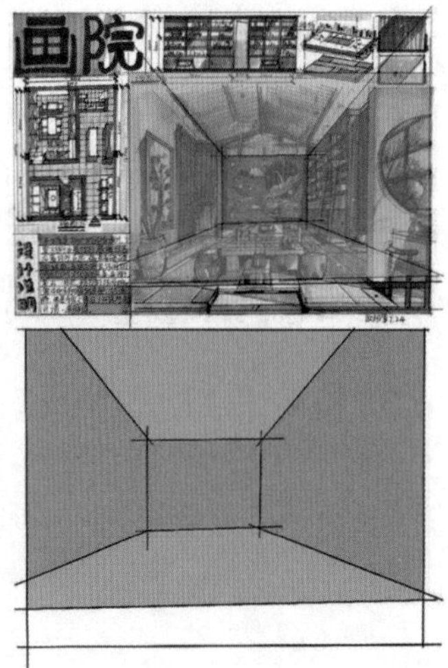

图 4-65

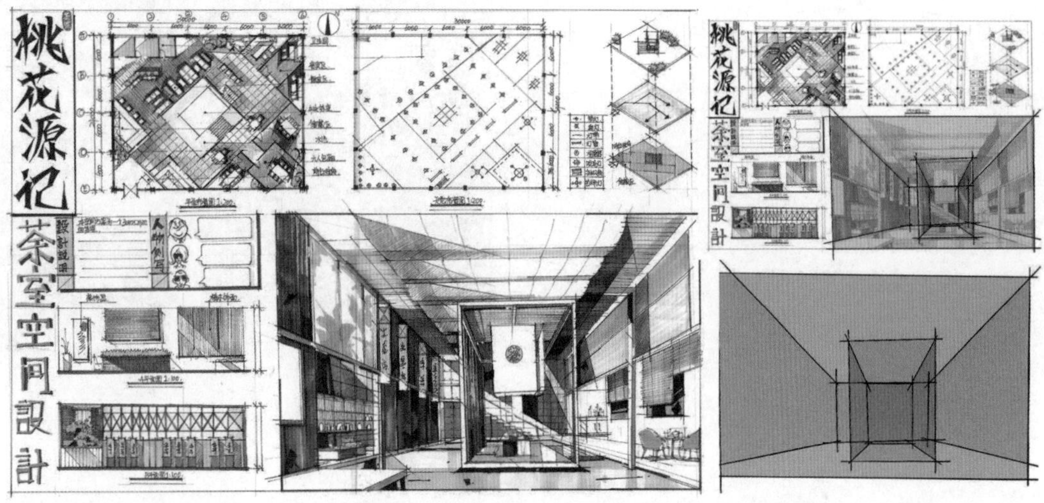

图 4-66

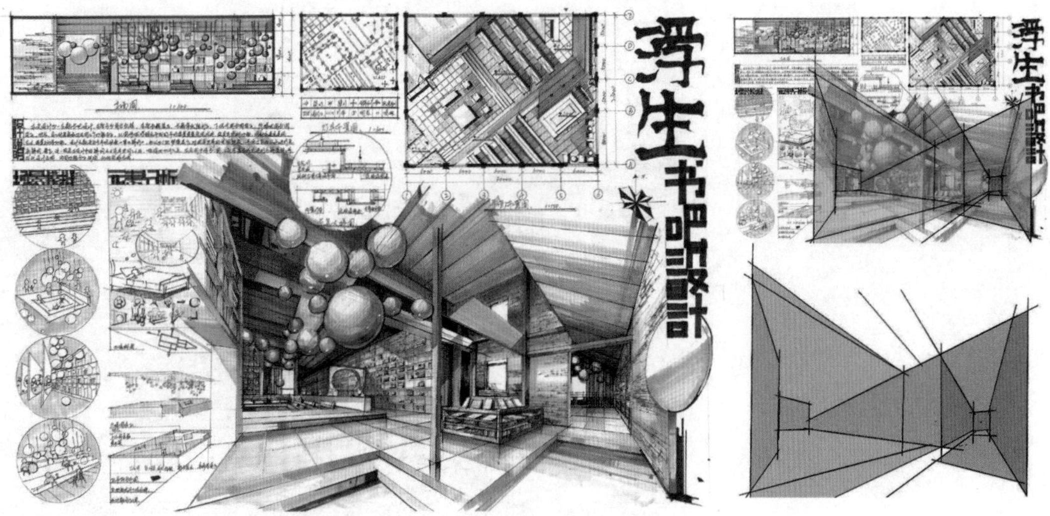

图 4-67

快题中常用的空间设计手法有四种。

（1）透景

将部分分割界面做局部的拆除处理，使空间更为灵动，且充满趣味性。

图 4-68 所示的快题效果图的左右两侧立面采用了透景的手法，拆除部分立面，让室内空间与室外空间连通，既增加了空间层次，又实现了空间的通透性，并把室外优美的环境引入室内，提升了空间品质，实现了人与自然的共生。

图 4-69 的快题作品在屏风隔断的设计上采用了透景的手法，通过隔断的造型设计，对隔断做了局部的形状镂空，实现了隔而不断的空间功能，同时又具有形式美感。

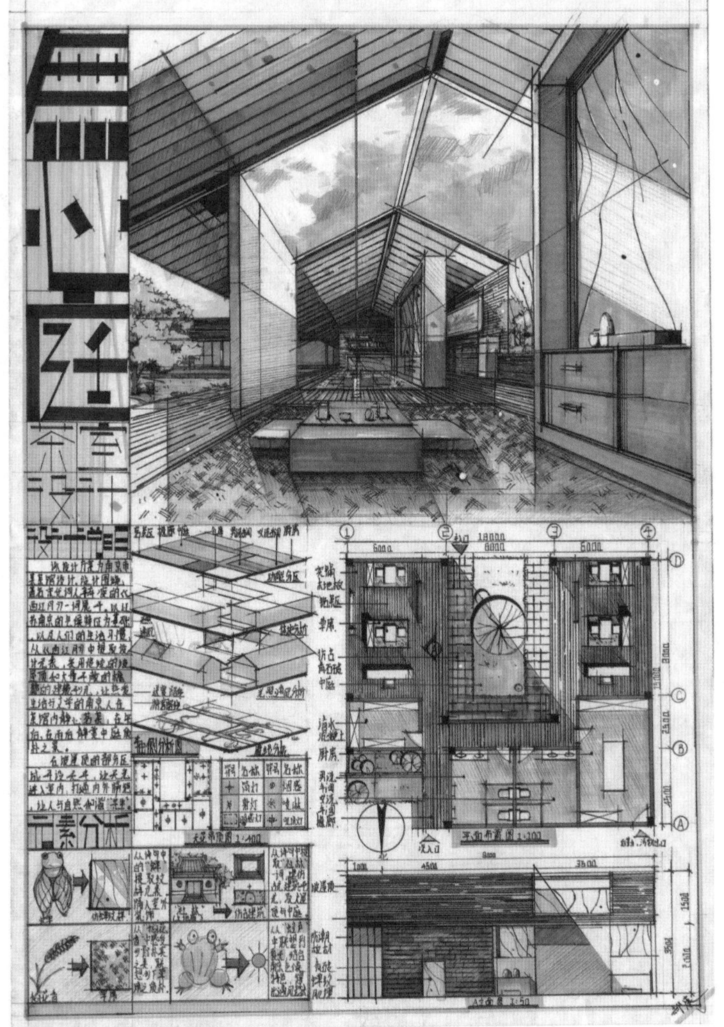

图 4-68

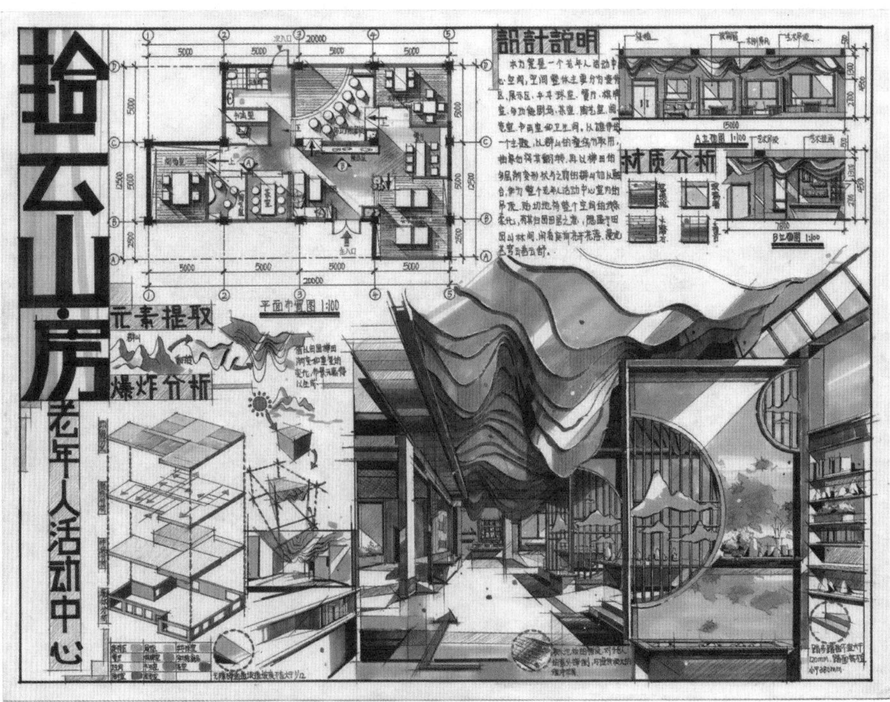

图 4-69

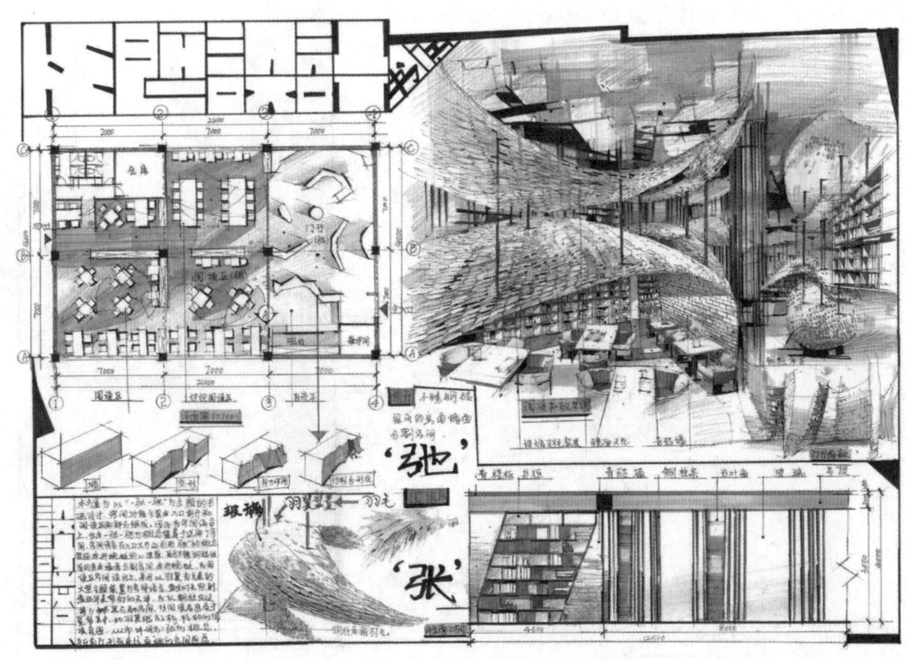

图 4-70

（2）假借景

假借景在视觉上可以做到极大的延伸，常用于空间狭小或需要趣味空间时。常见的方法是使用镜面材质，让空间在镜面上成像，使空间看上去更宽敞、明亮。这类手法一般在儿童活动空间、专卖店空间中运用较多。

图 4-70 的快题作品顶面采用镜面材质，把地面的内容反射至吊顶，使得空间在视觉上更宽敞、明亮。

（3）凹凸

凹凸的手法在空间中可以极大地凸显和强调设计中的重点，可以是材质本身具有的凹凸质感，也可以是造型上形成的凹凸变化。

图 4-71 的快题作品立面元素采用了凹凸的手法，把红色文化元素三维立体化，使空间既有了主题内容，又有了空间层次。在使用的平面装饰元素过于平淡，没有内容时，考生可以采取此方法。

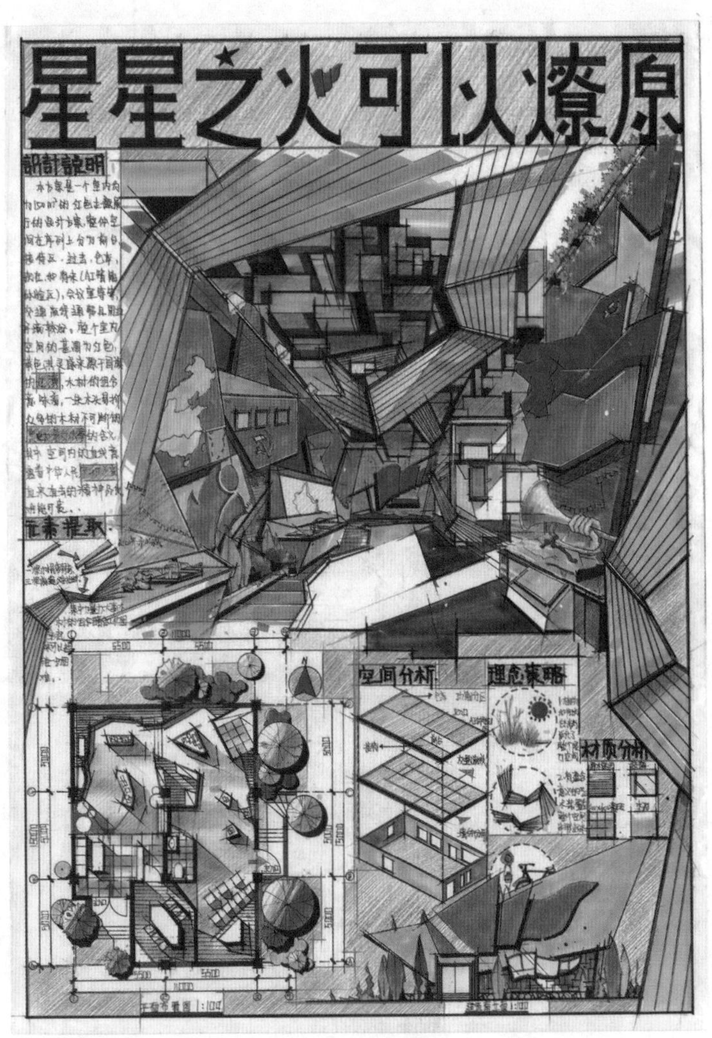

图 4-71

图 4-72 的快题作品以几何元素为主题，采用凹凸手法，通过大量的三维图形拼接，丰富了空间层次与内容。

（4）延伸

通过延伸的方法，能起到视觉上的引导和指向性。延伸可以是材质和界面的延伸，也可以是视觉的延伸。延伸的方法通常是利用同一个元素或纹样的重复、叠加，从而实现延伸的效果。

图 4-73 的快题作品通过悬浮的立面来隔断空间，同时采用多个长方形体块有序组合与叠加的方式，强化了空间延伸感，使空间效果更为强烈。

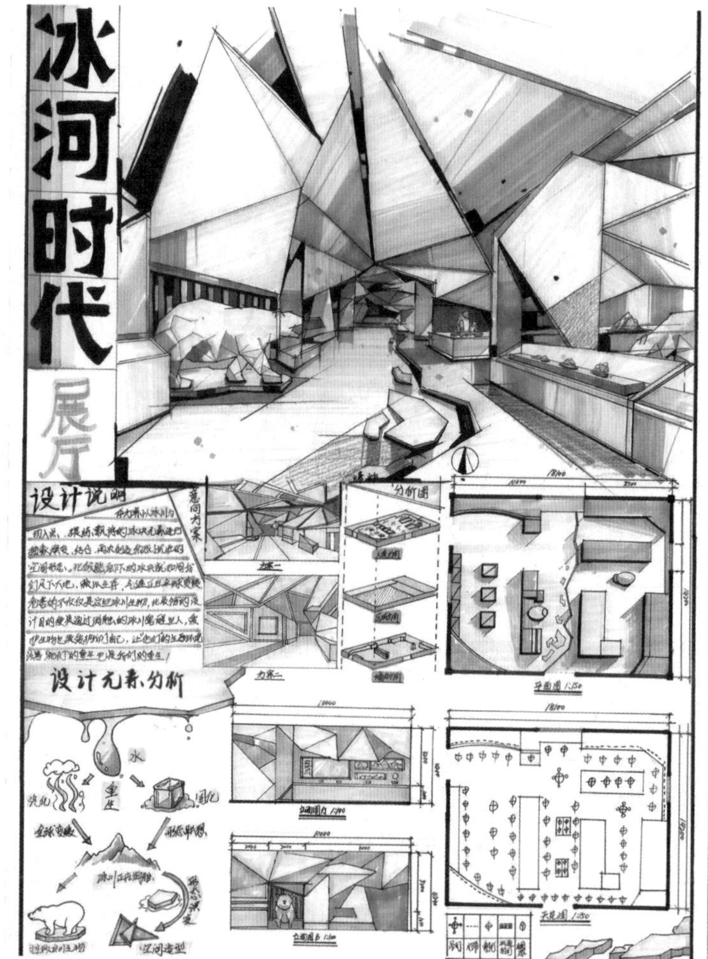

图 4-72

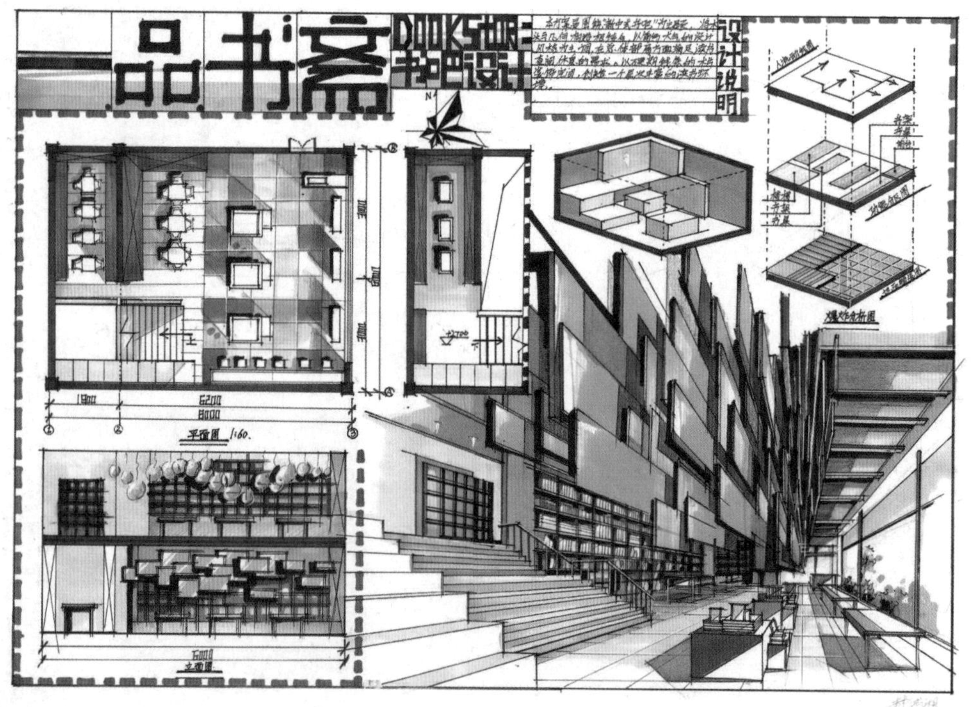

图 4-73

图 4-74 的快题作品吊顶采用了折线形的体块进行排列组合，增强了前后空间的延伸感。

图 4-75 的快题作品吊顶通过多个棱锥体的组合，增强了前后空间的延伸感。棱锥体形成的凹凸变化也是一种凹凸空间手法。

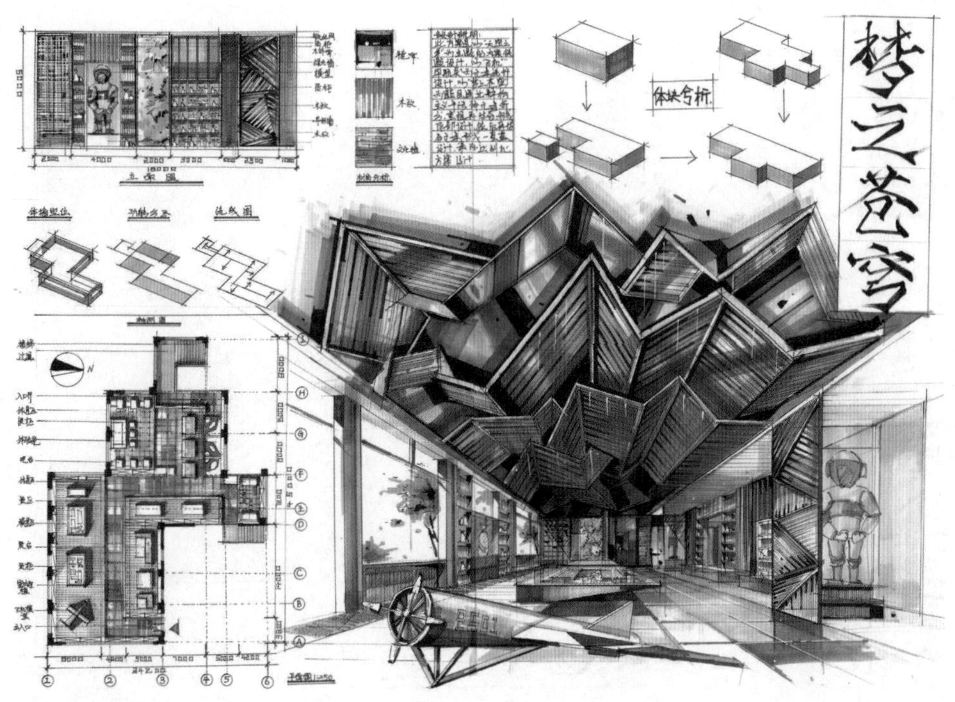

图 4-74

图 4-75

4.5 顶棚设计图

顶棚设计图是根据顶棚在其下方假想的水平镜面上的正投影绘制而成的镜像投影图。

4.5.1 表现内容

表现内容有顶棚的造型及材料说明，吊灯和电器的图例、名称等说明。图中标注顶棚造型尺寸，灯具、电器的安装位置，顶棚标高，顶棚细部做法说明，详图索引号、图名、比例等。

4.5.2 绘制要点

第一，顶棚造型需要考虑建筑的层高，尤其在规定了层高的题型中需要特别注意。

第二，顶棚造型具有限定空间分区的暗示作用，因此，顶棚的设计往往与平面布局紧密相关。

4.5.3 常用图例

如图 4-76。

图例	名称	图例	名称
	筒　灯		艺术吊灯
	吸顶灯	------	灯　带
	烟　感		喷　淋
	出风口		回风口

图 4-76

4.6 设计说明

设计说明一般 100 字左右，不宜过少。设计说明主要是对所做方案进行阐述，包括以下方面。

设计内容：此快题是什么类型的空间，有哪些具体的功能区，能满足什么样的功能需求。

设计理念：设计的灵感来源，设计元素的运用。

设计方法：在设计中采用了什么材质，如何处理空间细节，如何营造整体空间氛围，想给体验者何种心理体验。

在练习过程中，考生经常会苦恼于设计说明怎么写，其实只需要把以上内容用清晰、明了的语言表达出来即可，不一定要追求语言的艺术性。此处提供模板以供参考。

模板一：

本方案以“××”为主题，将××与××结合，以××的设计风格为主调，在总体布局方面满足××需求。以××线条的××装饰及各种××隔断景点，更体现××之感，创造了一个××环境。不但外观××，内部也实用美观、功能齐全，小小的空间在此变得精美绝伦。比如1.××；2.××。

以上是本方案的全部设计思维过程。

模板二：

设计背景: 陈述此方案是在怎样的背景下产生的, 包括文化背景、所处环境背景、适用人群背景等。

提出问题：针对设计背景进行分析，思考你做的设计应该解决哪些问题。

分析问题：对提出的问题进行分析（可从功能布局、设计元素、材质、色彩等方面分析）。

4.7 版式设计

4.7.1 排版

排版设计在考试中也占有一定分数，考生不能忽视。一幅排版美观、令人感觉舒适的快题作品更容易给阅卷老师留下深刻印象，尤其是提供两张以上绘图纸的学校，更重视排版。

在排版上要注意点、线、面的组合关系，合理安排标题、各主要图纸及设计说明等内容，在确定正稿之前可先用铅笔轻轻勾勒出图纸的大小和位置，卷面四周预留0.5—1 cm的空白边框，切记不能画出纸面，破坏画面完整性。

排版时要注意各图纸之间的主次关系，注意字体标注的统一，让画面看起来整洁、有序。常用的排版方式有三种。

（1）网格法

将画面分为若干网格，合理地组织画面信息。网格法不是平均分割，而是有大有小，在网格较大的部分安排最重要的信息，在网格较小的部分安排补充信息。有主有次，有节奏地变化，这样的版式设计才更灵动，更有吸引力（图4-77～图4-81）。

图 4-77

图 4-78

图 4-79

图 4-80

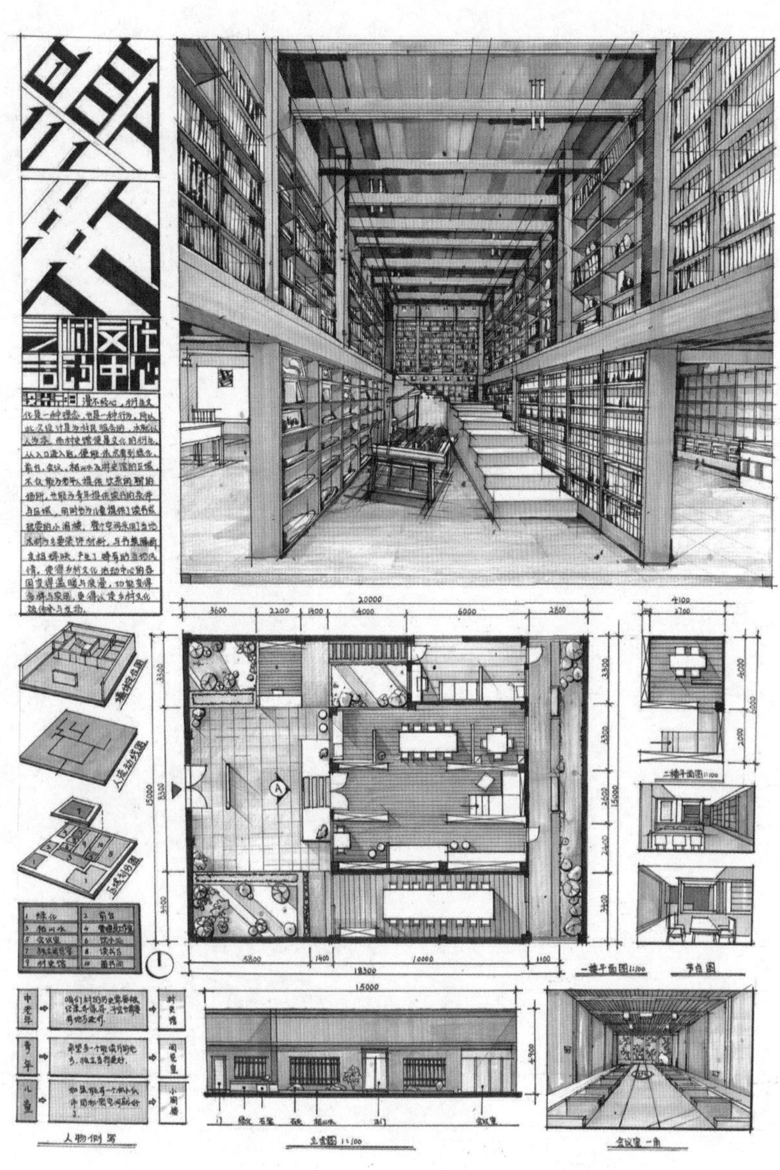

图 4-81

（2）主图像法

整个项目以主图像为中心，周围排布补充的图像。需要强调的是，这里的主图一定要是所表达的内容中最好的图像，否则会适得其反。并且快题作品的整体色彩不宜反差过大。在室内快题中，效果图一般在画面中占主要位置，因此在主图像法的使用上，一般选择把效果图放大，效果图所占的面积超过画面总面积的一半。这样的排版往往会使得画面主次关系更为突出，效果更强烈（图 4-82 ～图 4-84）。

图 4-82

图 4-83

图 4-84

（3）混合法

这种方法没有独立的图像，所有图之间是相互联系的，是一个整体组合的风格。这类方法运用在快题中往往更容易呈现强烈的排版效果，但难度偏大，不易控制画面的平面构成关系（图 4-85～图 4-87）。基础扎实、能力强的考生可以尝试使用。

图 4-85

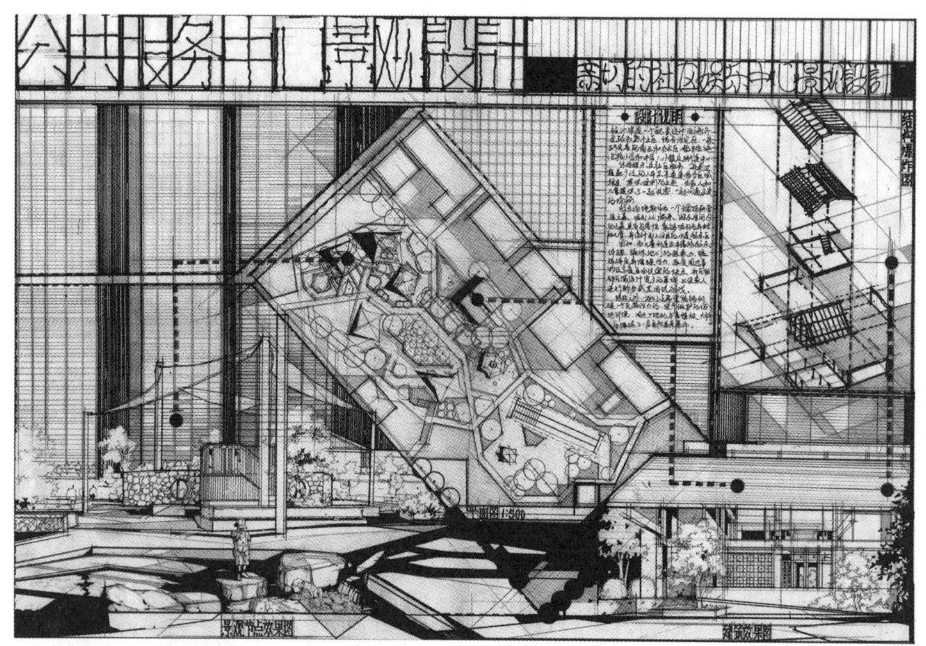

图 4-86

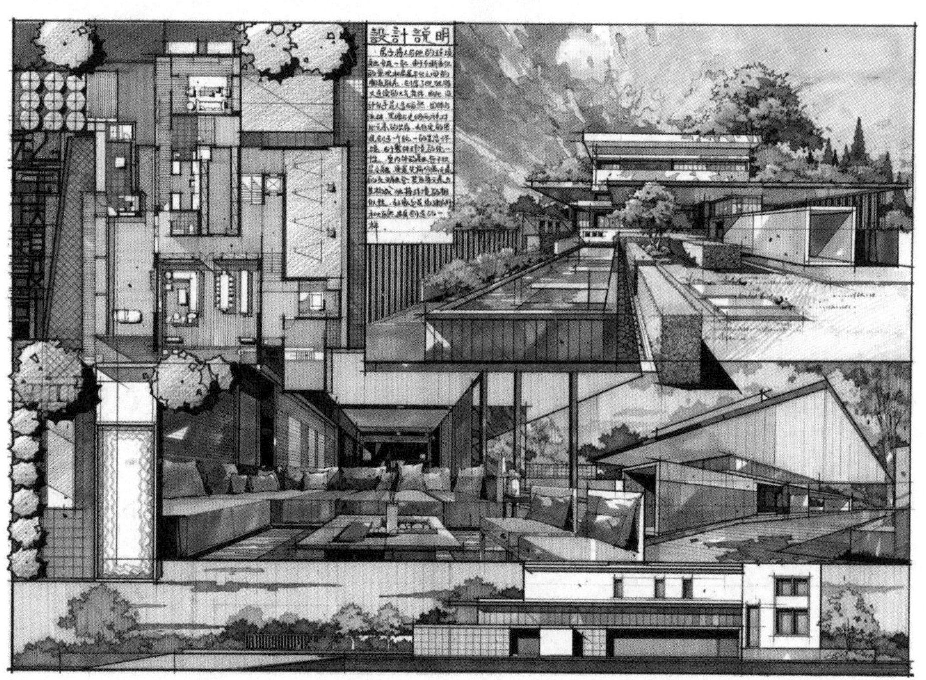

图 4-87

以上三种排版方法是互相联系的，不是完全孤立的。在任何排版方法当中，都应遵循四个原则：对齐原则、紧凑性原则、统一性原则、对比原则。对齐原则强调的是画面的整洁度；紧凑性原则强调的是画面的丰富度，画面内容越稀疏，效果越弱；统一性原则指的是要做到色彩统一，风格统一；对比原则强调的是画面的节奏感，各部分内容或各幅图之间有大小的区别，字体也应有主次的变化。

4.7.2 标题

标题是图纸表达的重要内容，标题完整、美观、呼应主题能提升画面的设计感和完整性。标题一般分三个级别：一级标题即主标题，如以“兰亭”为主标题，体现设计主题，字体最大；二级标题为副标题，如“某空间设计”，能够让人很直接地看出是哪一类主题空间；三级标题即“设计说明”“某分析图”这类内容，清晰、直观地围绕设计点做注释。注意标题字体、颜色、风格要与整体效果保持和谐一致。

主标题的选择一般可分三类：快题设计类（图 4-88）、空间类型类（图 4-89）、主题文字类（图 4-90）。

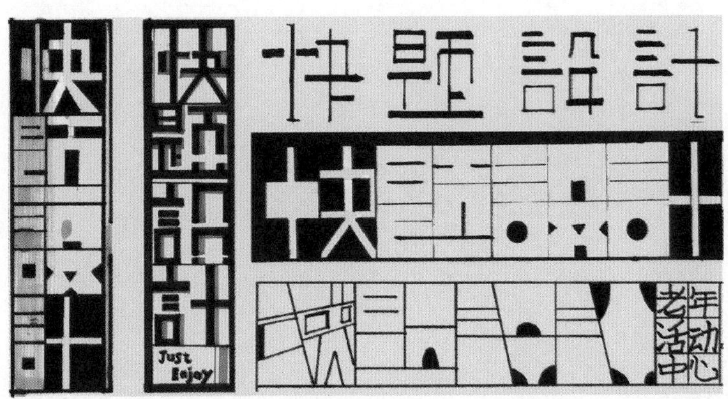

图 4-88

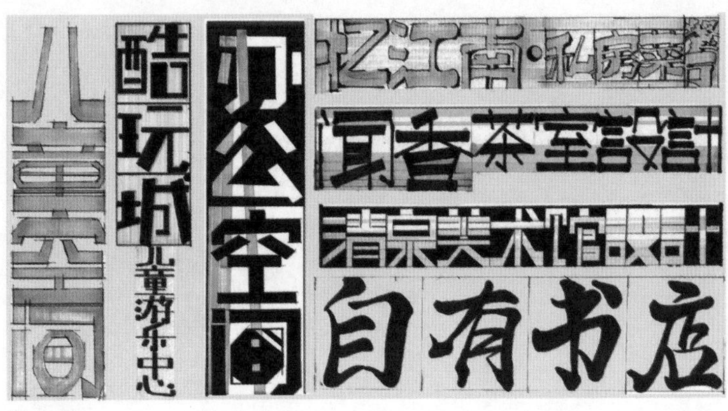

图 4-89

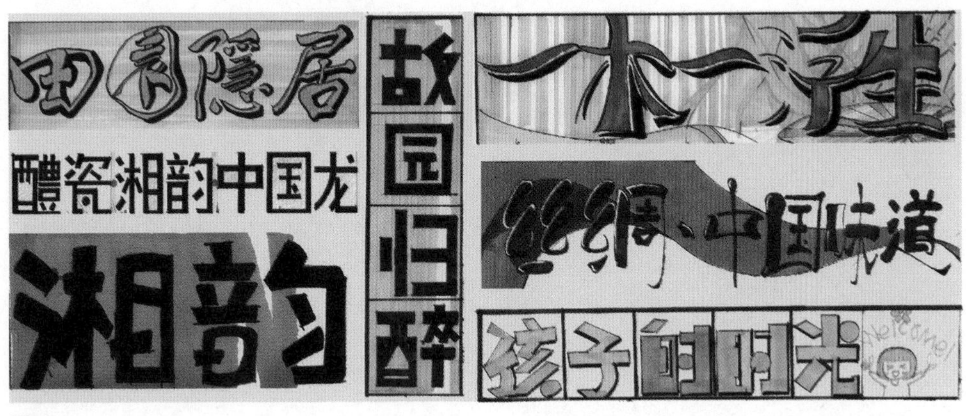

图 4-90

5

室内快题真题解析

5.1 真题类型

5.1.1 主题类考题

主题类考题通常以一个词语、一段话或者一首诗作为考试题目的主题，不规定空间主题及其他设计要求，考生的发挥空间较大。考生须针对主题发散思维，提炼个人对主题理解的重点，在空间功能、色彩、细节等方面进行综合设计。表 5-1 为 2022 年部分高校真题主题。

表 5-1　2022 年部分高校真题主题

中国地质大学	美丽乡村
北京林业大学	碳适
中南大学	健康运动
长沙理工大学	虚拟社区
浙江理工大学	自然之音
广州大学	人民的微笑
四川大学	折叠时空
兰州理工大学	崇和与共

5.1.2 项目类考题

项目类考题一般有具体的设计场地、设计背景、设计主题、空间类型、功能要求等内容（图 5-1）。这类题目更趋向于考查学生的设计实践能力，在平时的练习及考试中，须认真阅读题目，提取题目的考查重点，结合题目的要求进行有针对性的设计。切记不能闭门造车，硬套模板。

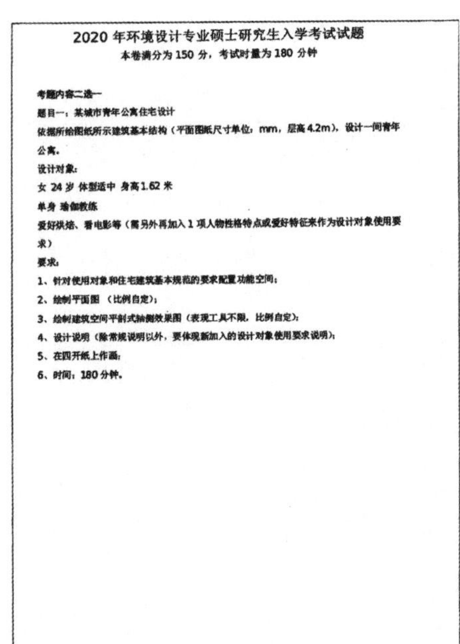

2020 年环境设计专业硕士研究生入学考试试题
本卷满分为 150 分，考试时量为 180 分钟

考题内容二选一
题目一：某城市青年公寓住宅设计
依据所给图纸所示建筑基本结构（平面图纸尺寸单位：mm，层高 4.2m），设计一间青年公寓。
设计对象：
女 24 岁 体型适中 身高 1.62 米
单身 瑜伽教练
爱好烘焙、看电影等（需另外再加入 1 项人物性格特点或爱好特征来作为设计对象使用要求）
要求：
1、针对使用对象和住宅建筑基本规范的要求配置功能空间；
2、绘制平面图（比例自定）；
3、绘制建筑空间平剖式轴侧效果图（表现工具不限，比例自定）；
4、设计说明（除常规说明以外，要体现新加入的设计对象使用要求说明）；
5、在四开纸上作画；
6、时间：180 分钟。

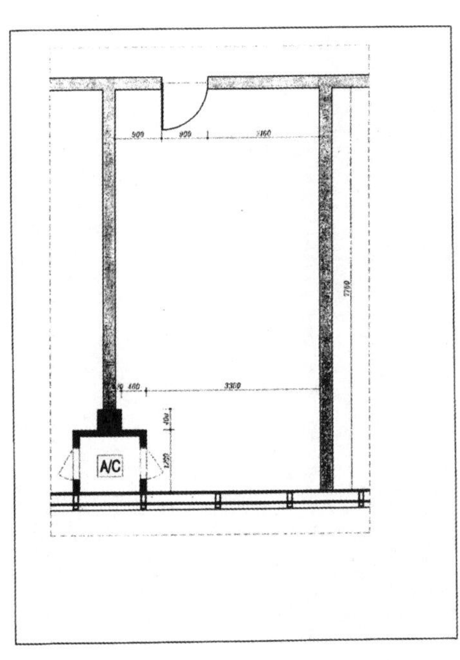

图 5-1

5.2 真题解析

5.2.1 北京林业大学 2021 年真题

以“共生”为主题进行专业创作（A3 纸张、3 小时）。

（1）题目分析

① 分析

由“共生”这个词语可以马上想到绿色环保的理念。结合历年考题来看，北京林业大学的考题始终贯穿的要义就是绿色环保、可持续发展的理念，人与自然和谐相处、共同生存等类似的观念。所以，考生在准备北京林业大学的考试时，需要多关注相关的设计，并加以改良，形成自己的一套方案。

② 联想

结合分析可以进行进一步的思考：“共生”，怎样共生？为什么要共生？谁和谁共生？共生为了什么（体现什么）？例如，人与自然共生、设计与环保共生、生物与生物共生、生物与建筑共生、地球与生命共生等。

（2）空间

① 空间类型选择

考题没有给定空间类型限制，理论上各种空间都可以尝试，但是结合“共生”这个词语，推荐以下类型的空间：餐饮空间（酒店、咖啡厅、奶茶店、快餐厅、茶楼）、文化空间（美术馆、图书馆、艺术中心和市民活动中心）、展示空间（各种类型的展馆、展厅）、办公空间（公司集中办公场所）。

② 空间大小

考题并不限制空间大小，但是结合高分试卷，推荐中小型空间。

（3）分析图

A3 纸张并不算大，可以选择 1—2 张分析图放入作品中，让画面饱满、丰富即可。主要表现人群分析、采光通风分析、动线分析、空间装置分析、建筑结构分析、节点分析、设计元素分析、材质分析。

（4）高分技巧

① 绘制小空间效果图

结合 2021 年及 2022 年的高分试卷，可得出结论：小空间或者中小空间更适合北京林业大学的考试。

② 制图规范标准、完整、正确

北京林业大学对于制图规范的要求相对于其他院校更高，所以，图纸必须要按照标准的平、立面规范来画，尽量不要出现非常明显的错误，基本的标注一定要有，而且不能有错误。如果因为平面图、立面图不同而产生了其他不常见、常用的符号，那就需要查找相关信息，将其绘制出来。对于一些没有硬性要求的罕见符号，可以选择不画或者少画。

③ 方案合理

快题的效果图、平面图、立面图、剖面图及各种分析图之间都要能对应得上，让阅卷老师在观看后能理解这些图是一套完整的方案，而不是背图、抄图。可以多加入辅助文字说明，强化方案的合理性和正确性。

④ 加入木元素、植物元素

北京林业大学历年的考题都包含着绿色环保、可持续设计这种理念，所以在绘制效果图时可以在选材、配色、软装上考虑增加木元素、植物元素，让整个设计凸显考试主题。

⑤ 空间装置的使用

根据近两年的高分试卷，北京林业大学钟爱有异形吊顶、空间装置的这种画面，所以在做方案的时候可以添加这些元素，增大取得高分的可能性。

（5）完整快题作品展示（作者：张雨飞）（图 5-2）

图 5-2

5.2.2 湖南师范大学工程与设计学院 2020 年真题

以“芙蓉国里尽朝晖”为主题的茶室设计，面积 30 m^2（8 开纸张、3 小时）。

中国是茶文化发源地，对于“品茶室”有着特殊的情怀，方寸之间无论大小，意境尤为重要。茶文化也是中国传统文化的组成部分，是中国在世界文化产业中的特色和名片。随着人们物质生活水平的提高，对精神层面的要求也越来越高。本考题考查考生对小空间尺寸的把握和氛围的营造。

（1）题目分析

① 任务书要点提取

茶室气氛的营造，如材质、色彩等，要美观大方、雅俗共赏。由于面积较小，不用做太多功能分区，可以考虑做接待处和大厅，也可加室内景观。

题干中的诗句“芙蓉国里尽朝晖”出自《七律·答友人》，芙蓉国指湖南省。湖南省历史悠久，有“鱼米之乡”的美誉，也有“惟楚有材”的盛名，因此，空间里要体现湖湘文化元素，如湘绣、菊花石雕、楚文化图腾凤鸟等。

② 设计风格

可以参考中式、新中式等风格，体现文化底蕴和精神需求。题干中有明确的诗句，不适合做成日式风格，考生在确定元素的时候要做好区分。

新中式风格是重视设计元素与现代材质巧妙兼容的布局风格，继承了明清时期的家具设计理念，同时加入中式元素，并进行提炼与丰富。空间上讲究层次，多用隔窗、屏风来分割空间。天花以木条相交成方格形，上覆木板，也可做简单的环形灯池吊顶，用实木做框，漆成花梨木色，层次清晰。

家具陈设讲究对称，重视文化意蕴。配饰善用字画、古玩、卷轴、盆景、精致的工艺品，更显主人的品位与尊贵。木雕画以壁挂为主，更具有文化韵味和独特的风格，体现中国传统家居文化的独特魅力。

还要注意以下区分：中式风格一般都以木结构为主，布局比较对称，大多以窗花、博古架、中式花格、顶棚梁柱等装饰为主。另外，可增加国画、字画、挂饰画等做墙面装饰，增加盆景以保持和谐。中式风格是比较稳重、成熟的风格，主要体现在传统家具（多以明清家具为主），装饰品及以黑、红为主的装饰色彩上。室内多采用对称式的布局方式，格调高雅，造型简朴优美。中式风格的主要特征是以木材为主要建材，充分发挥木材的物理性能，创造独特的木结构或穿斗式结构，讲究构架制的原则，建筑构件规格化，重视横向布局，利用庭院组织空间，用装修构件分割空间，注重环境与建筑的协调，善于用环境营造氛围，运用色彩装饰手段，如彩画、雕刻、书法、工艺美术、家具陈设等艺术手段来营造意境。

③ 用植物景观提升意境

室内可增加植物景观来提升意境。竹可以使整体设计意境平衡，竹与木、木与茶、茶与竹形成的相互关系精致而微妙，形成“劲节有高致，清声无俗喧”的雅境。

（2）设计方案

① 布局

在空间布局中设计入口景观，以汀步代替铺装，增加入口趣味性。入口处设计景观竹，烘托气氛。右侧做抬高木质地面，形成前厅小空间，同时也满足收纳需求。大厅做门洞隔断，丰富空间层次（图 5-3）。

② 立面

入口处做小地形抬升。吊顶做成坡顶式，增加空间。两侧窗增加采光照明（图 5-4、图 5-5）。

③ 主题贴合

用湖南湘绣的丝线及“鱼米之乡”的寓意进行元素演变，衍生成吊顶装置，同时又与立面空间做结合，形成统一空间（图 5-6）。

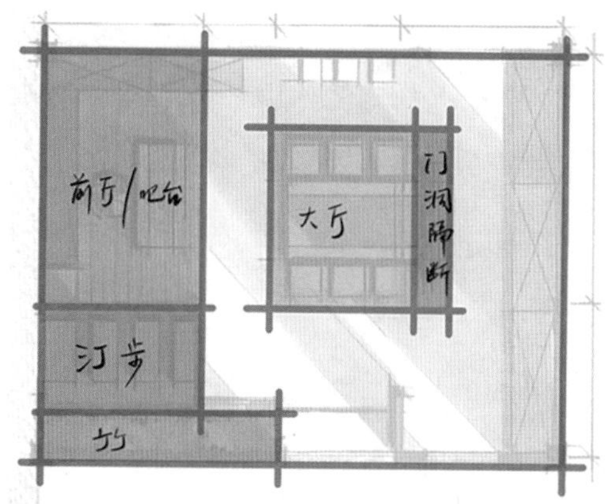

图 5-3

图 5-4

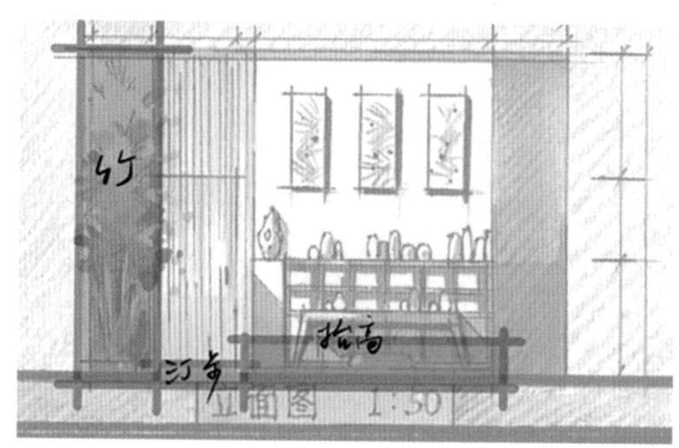

图 5-5

图 5-6

（3）完整快题作品展示（作者：邓惠芳）

图 5-7

5.2.3 华南农业大学 2021 年真题

广东旧房改造的村民活动中心，面积 200 m^2，层高 3.5 m，主题自拟，需要 3 张平面草图、1 张立面图、1 张效果图。

（1）题目分析

首先，分析题意，关键词为旧房改造、村民活动中心，从中可以得出，这是一个与“乡村振兴”热点相关的题目。各大高校近年来相继设置了与之相关的主题，不仅考查考生的综合设计能力，更考查考生对行业内的时事热点是否有足够的关注。

此题目直接给出空间类型是村民活动中心，那么考生就要分析村民活动中心需要具备哪些功能。

① 政务功能

党员活动室（兼做小型会议室）、村级办公用房（书记室、会计室等）、多功能厅（可采用自由空间的形态，自由变换空间大小，主要作为培训、会议、表演、群众娱乐、红白喜事等聚会场所）。

② 村民文化生活功能

乡村书院（农家书屋、老人协会、儿童活动室等），日常文娱体育活动室（可进行乒乓球、棋牌等健身活动），其他小生产、电商投递、金融、销售等各类功能，生活体验空间，对外接待空间（应考虑具有游客接待服务中心功能）。

这个题目给出的红线面积只有 200 m^2，所以可以初步将方案赋予以下几个功能：会议室兼党员活动室、办公室、阅览区兼村民活动区域（儿童活动区域）、接待区域、休闲区域（水吧等）。

（2）平面布局

图 5-8 为方案推敲过程中绘制的草图，确定好的平面布局方案如图 5-9，最终的手绘成图如图 5-10。

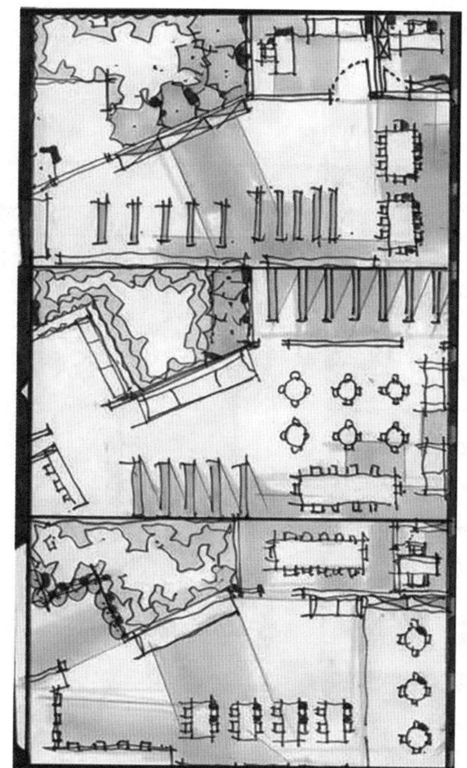

图 5-8

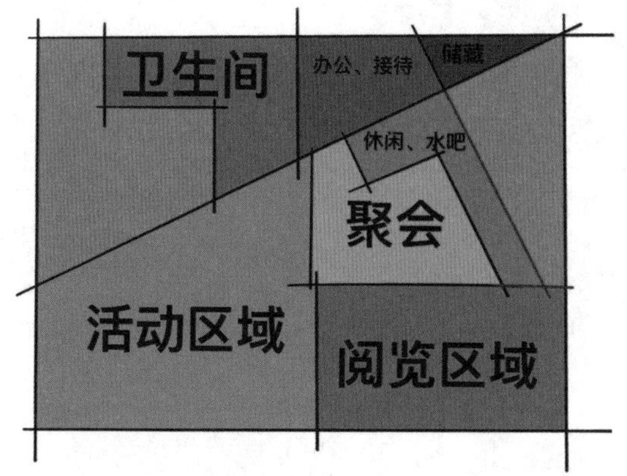

图 5-9

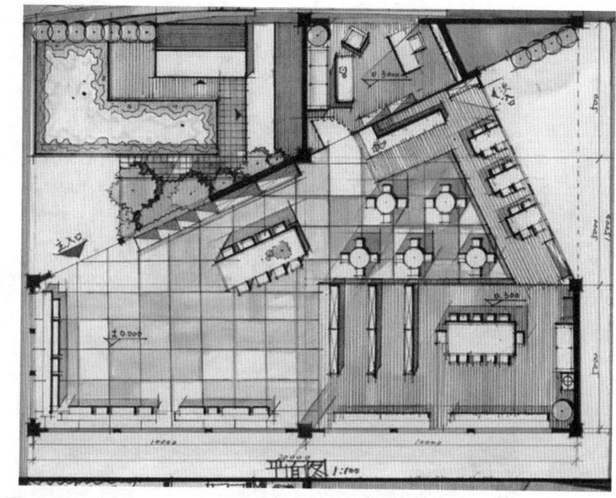

图 5-10

在入口处设置了一些基础的景观设计，可以让阅卷老师注意到考生的综合能力，但是不宜过多，最终还是要以室内设计为主。

（3）立面图

在快题考试当中，立面图可以在短时间内有效地考查一个学生的综合设计能力，如平面构成能力、材质搭配能力、立面造型能力，所以这一步需要仔细地思考，最好准备几个万能的模板。室内立面与建筑外立面也需要准备几个实用、好看的材质搭配与立面造型，不宜在考试时临时设计。题目的要求为 1 张立面图，那么只需要选择自己掌握最熟练、最贴近题意的模板去修改即可。最终手绘成图如图 5-11。

图 5-11

在根据素材绘制手绘成图的时候，一定要考虑到是否与平面尺寸相贴合，并且要考虑题目所给出的层高限制，千万不能随意发挥，以免跑题。

（4）效果图

在选择效果图的过程中，需要挑选一些具有明显设计特征的内容，如吊顶、立面造型、主题性空间、比较有特色的室内结构等。图 5-12 是一个旧房改造的成品方案的某个角度的效果图。

图 5-12

在处理效果图的时候着重处理好特色区域，如图 5-12 的吊顶结构有非常明显的特征，需要着重刻画。另外，可以在室内的光影氛围上做一些简单而准确的处理，由于是乡村类型的设计项目，在窗外的景色上可以增加一些植物和远山等配景。配色上可以简单处理，更多地注意整体的色调氛围，不要在技法上运用太多笔墨，简单上一两层颜色即可。着重刻画会导致考试答题时间不够，并且画面不够清爽、直接，脱离了手绘的意义。图 5-13 为最终上色成稿。

图 5-13

另外，考虑到本方案为乡村的旧房改造设计，可以适当增加一些周边的风景和室外设计的内容，如门口的造型、远山的风景等，将整张快题作品的画面变得更加生动（图 5-14）。

图 5-14

（5）分析图和字体设计

快题如果只画以上题目所要求的内容是不够的，排版不够丰满，也很难与其他考生拉开差距，这时候要主观地加上本方案的分析图与一些字体的设计。分析图的种类有很多，如人流分析、功能分析、概念演变、材质分析、区位分析等，本方案选择了最基础，也最能考查综合能力的结构爆炸分析图，将室内空间拆分为几个部分，从屋顶到地面铺装，分别使用盒子概括表达（图 5-15）。

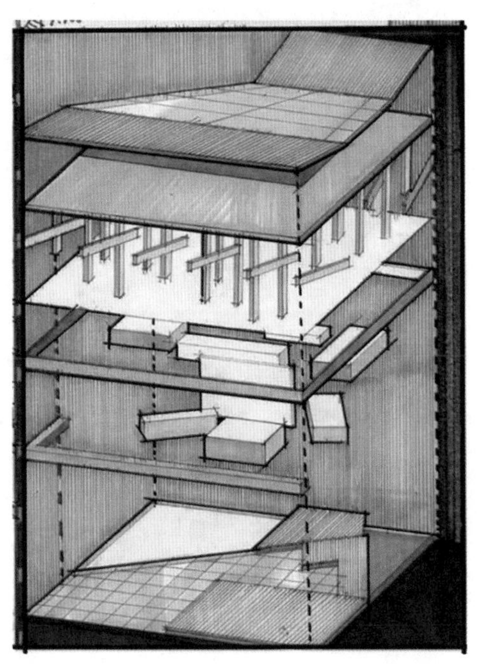

图 5-15

然后，考虑字体设计。排版中有一个技巧是将英文当作线条使用，英文字母的造型特性很适合在排版当中作为补充线条使用，所以，英文功底好的考生可以充分发挥自身长处。在整体的字体选择上，可以选择造型简洁、富有设计感的字体，在考试的时候不需要花费太长时间就可以写出来。标题的内容一般起到点题的作用，最直接的方式就是注明这是什么类型的设计（图 5-16）。如果考生有深厚的文学功底，也可以取一个更加有内涵的名字，让自己的方案看起来更具有高级感。

图 5-16

将各部分组合到一起，各个内容之间进行一定的排版衔接，色块补充，充分利用点、线、面的构成原理。排版的时候要注意信息的亲密性处理，即相同类型的图不要离得太远。图与图的衔接部分使用一些点、线、面的构成技巧填充画面，用最简单、直接的手法最大限度地丰富画面（图 5-17）。

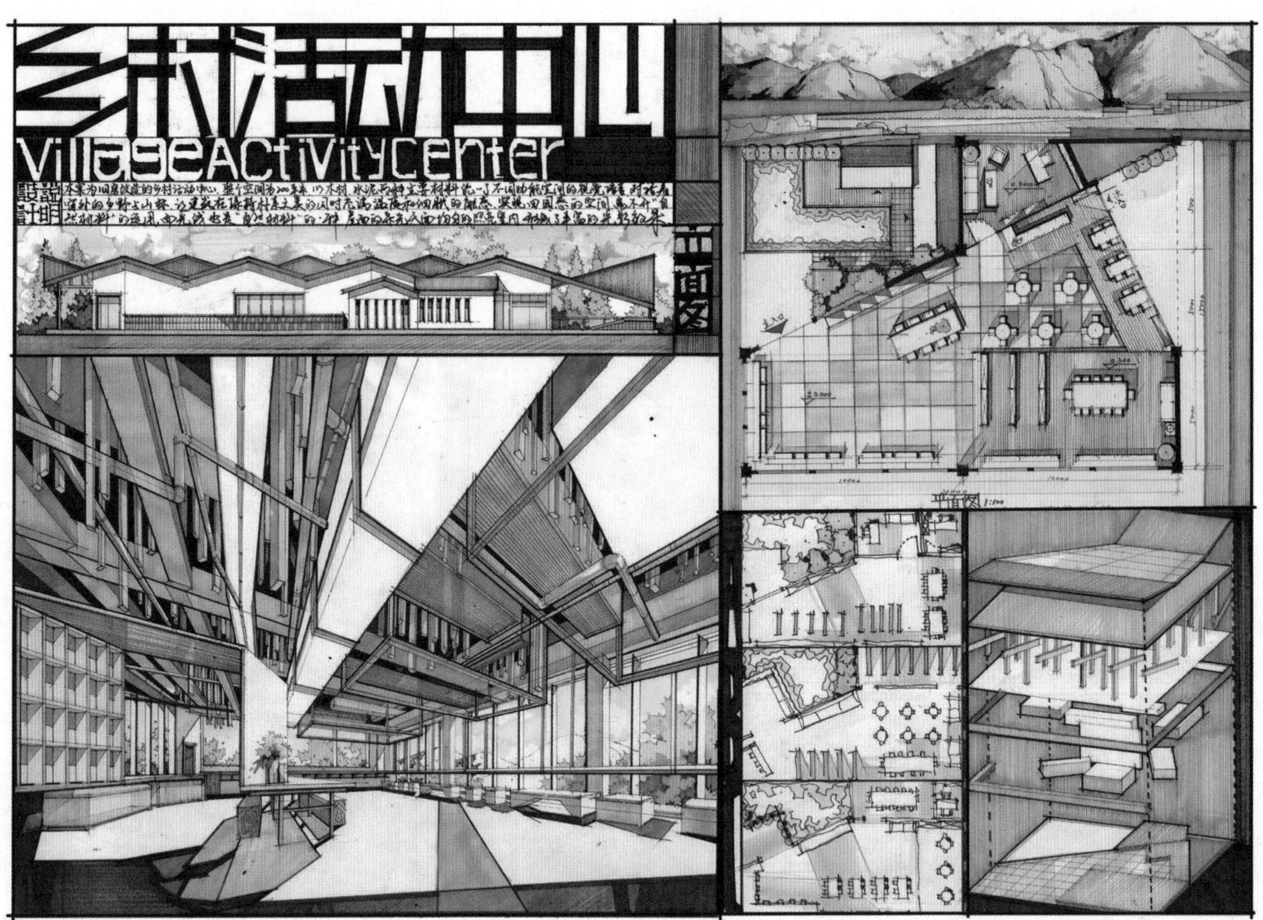

图 5-17

最后，需要思考的问题是，学校出的题目到底是要考查考生哪方面的能力？学校是根据什么去确定这些考题内容的？

“乡村振兴”是持续性的热点问题。乡村是具有自然、社会、经济特征的地域综合体，兼具生产、生活、生态、文化等多重功能，是与城镇互促互进、共生共存，共同构成人类活动的主要空间。考生需要思考的就是，如何在设计的时候尽可能贴合热点问题，合理地考虑空间功能布局，以及尽可能地进行需求创新，突出自己作品中的亮点，这样才能完成一张优秀的快题作品。

6

优秀室内快题设计作品赏析

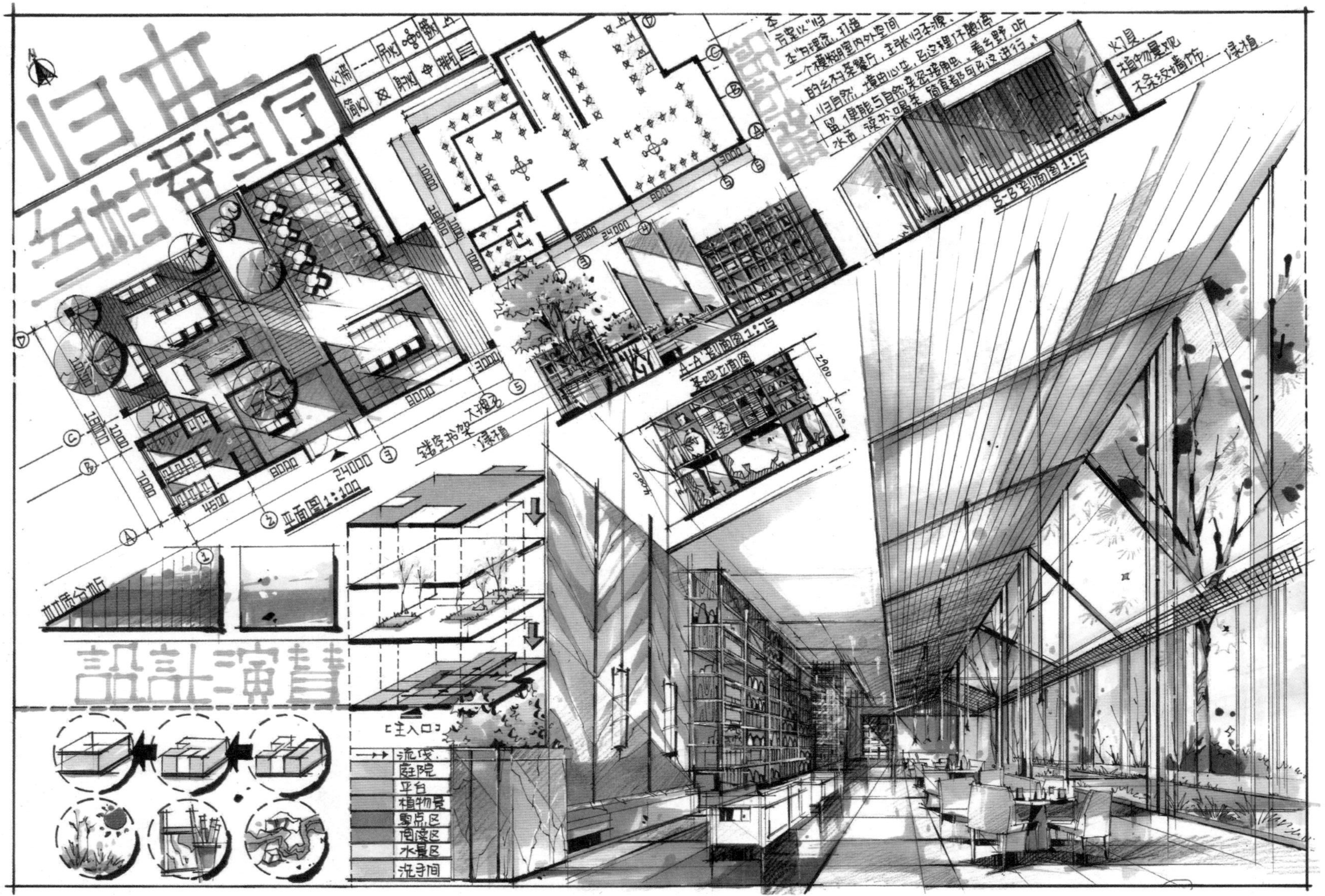

● 该作品结合效果图吊顶透视，采用异形构图方式，排版控制得较好，在表达室内空间设计的同时结合了景观部分，室内对多种材质的表达处理成了整张快题作品的亮点。

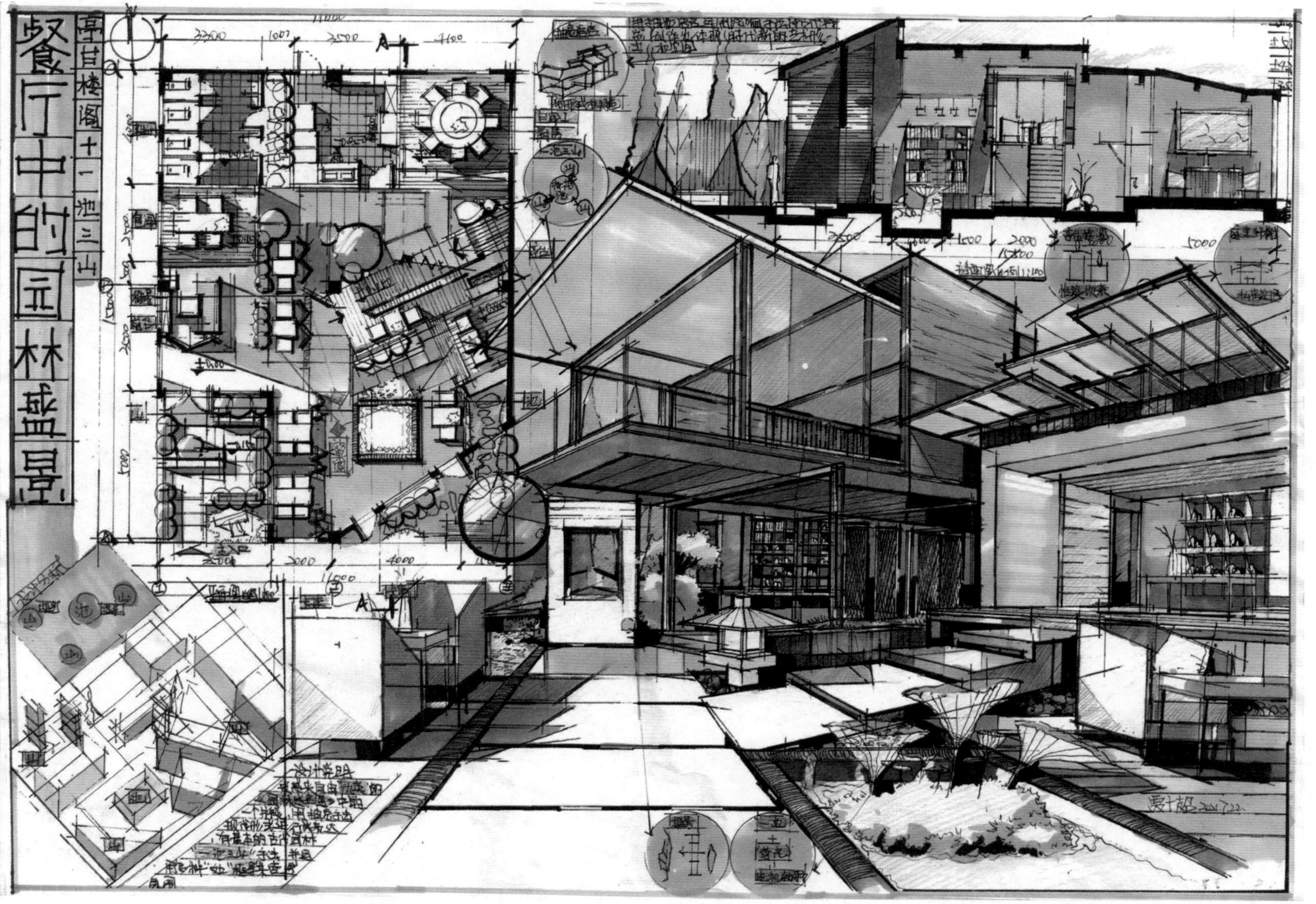

该作品构图排版饱满，通过光影关系的把握控制，使得空间中的内容表达主次关系明确，建筑室内空间通过体块的组合营造了较好的效果。

● 该作品采用斜构图排版方式具有新意，在表达室内空间设计的同时，结合了景观部分。画面中，标题、平面图、立面图、轴测分析图都表达了景观设计内容点，这样的表达处理统一了整体，强化了整张快题中专业性的亮点。

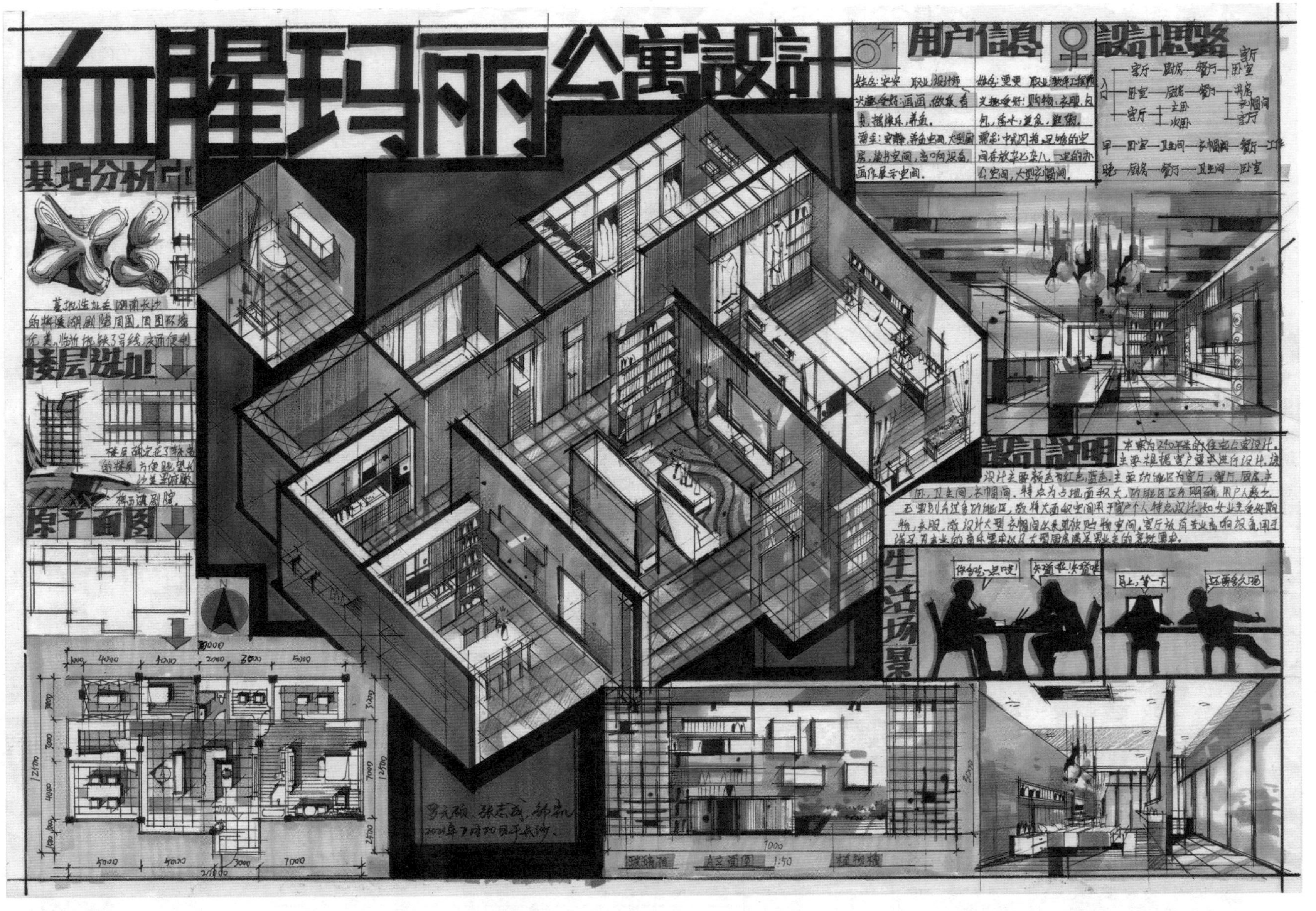

● 该作品采用主图像排版方式，将公寓设计的每一部分细致呈现，环绕式分析图体现整体方案的逻辑性，配色方面也敢于创新，营造了主题氛围。

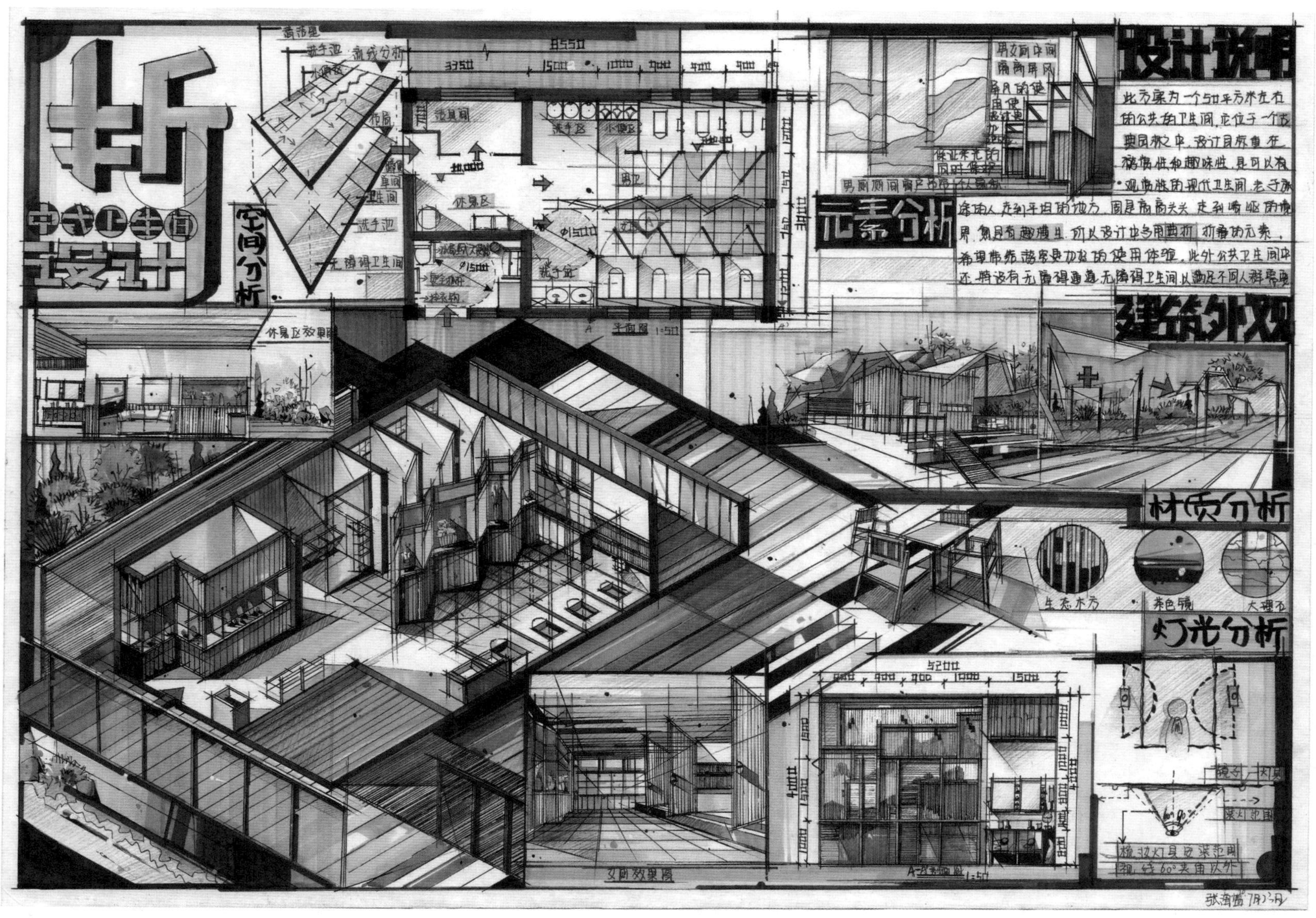

该作品通过剖轴测图的形式，清晰展现了建筑内部空间，功能分区清晰、合理，排版中强化了分析图部分，细节性展现了方案局部的内容，整体表达效果较好。

● 该作品采用主图像排版方式，空间效果图通过结构选型形成了具有节奏感的体块关系，光影关系表达明确，塑造细致得当，与内部空间需求相适应。

该作品效果图表达较好，建筑结构、构造关系明确，细节丰富，形体组织关系清晰、明确。该作品采用主图像排版方式，并通过各式展陈方式的表达陈列，呼应该主题空间的需求，空间透视效果图通过体块关系表达层次，空间虚实与光影关系表达明确。

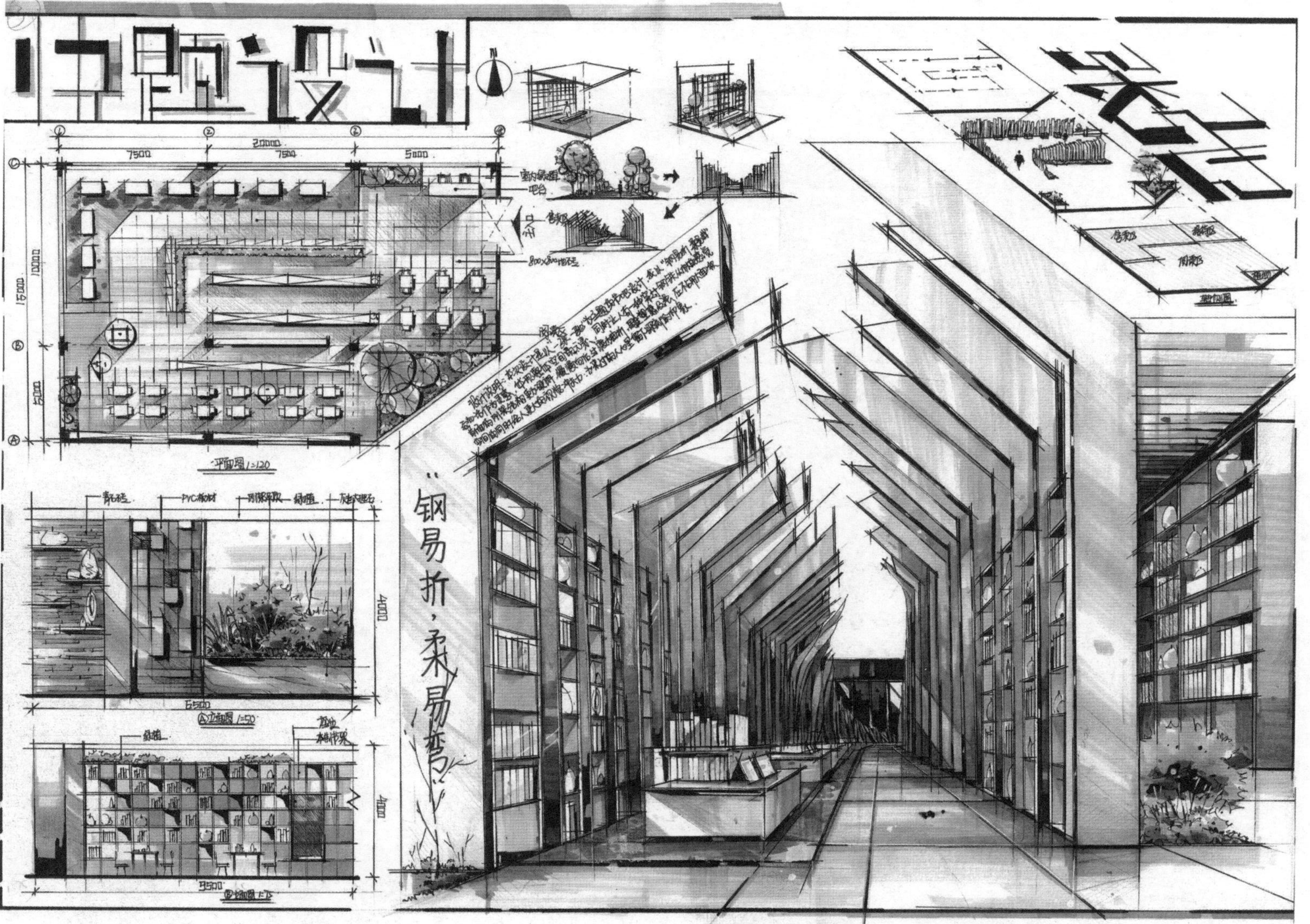

该作品通过寓意性呈现设计元素，画面主体色调以灰色装置结构钢材质为主，色调独特，饱和度较低，材质运用较为硬质，从而体现其设计寓意，空间结构表现明确，功能流线合理。

● 该作品采用网格排版方式，空间效果图分别体现室内空间以及景观，通过结构造型形成了具有节奏感的体块关系，光影关系表达明确，塑造细致得当，与内部空间需求相适应。

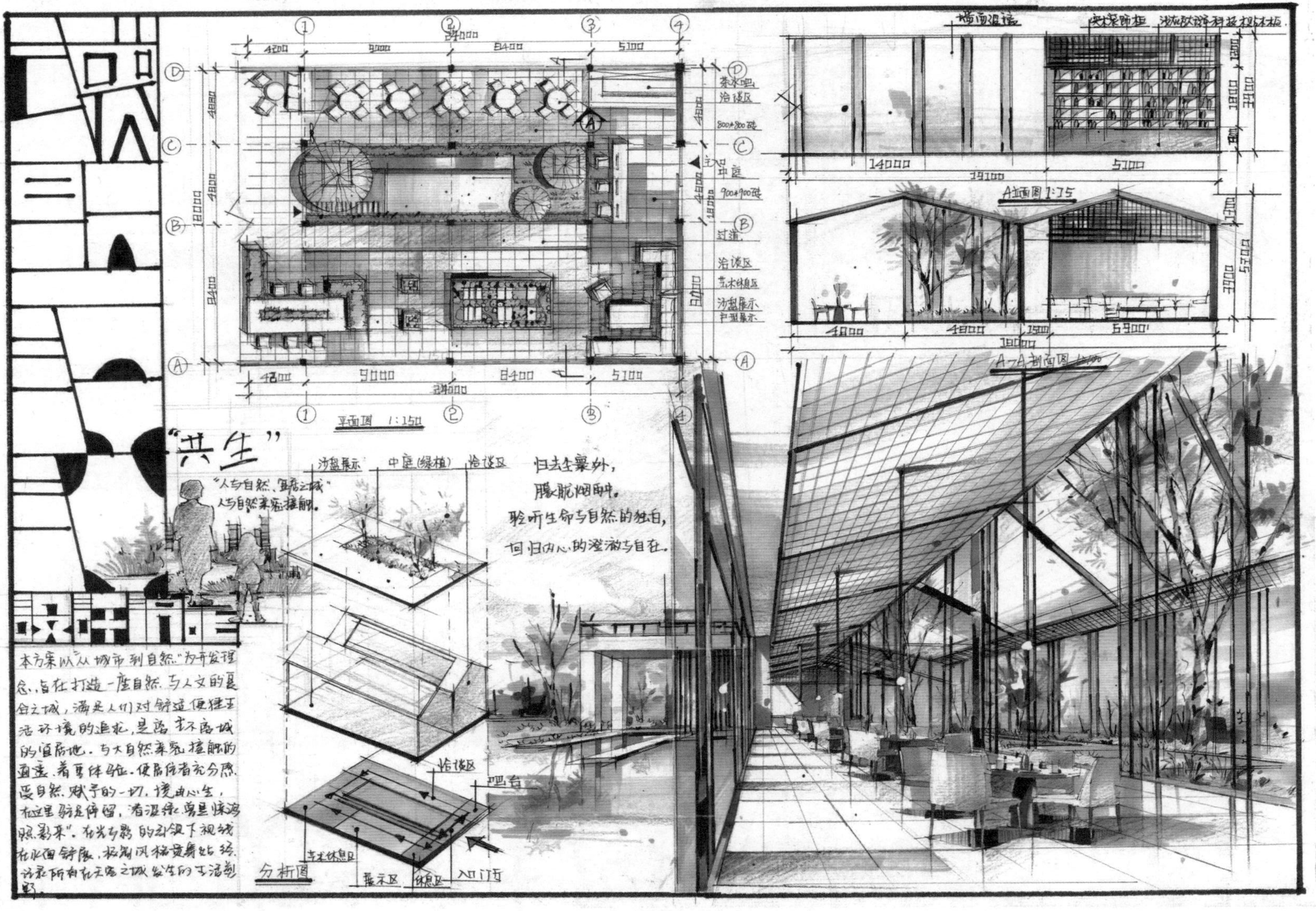

● 该作品构图排版简约饱满，通过对光影关系的把握，使得空间中的内容表达主次关系明确，通过室内外关系的塑造营造了较好的效果。

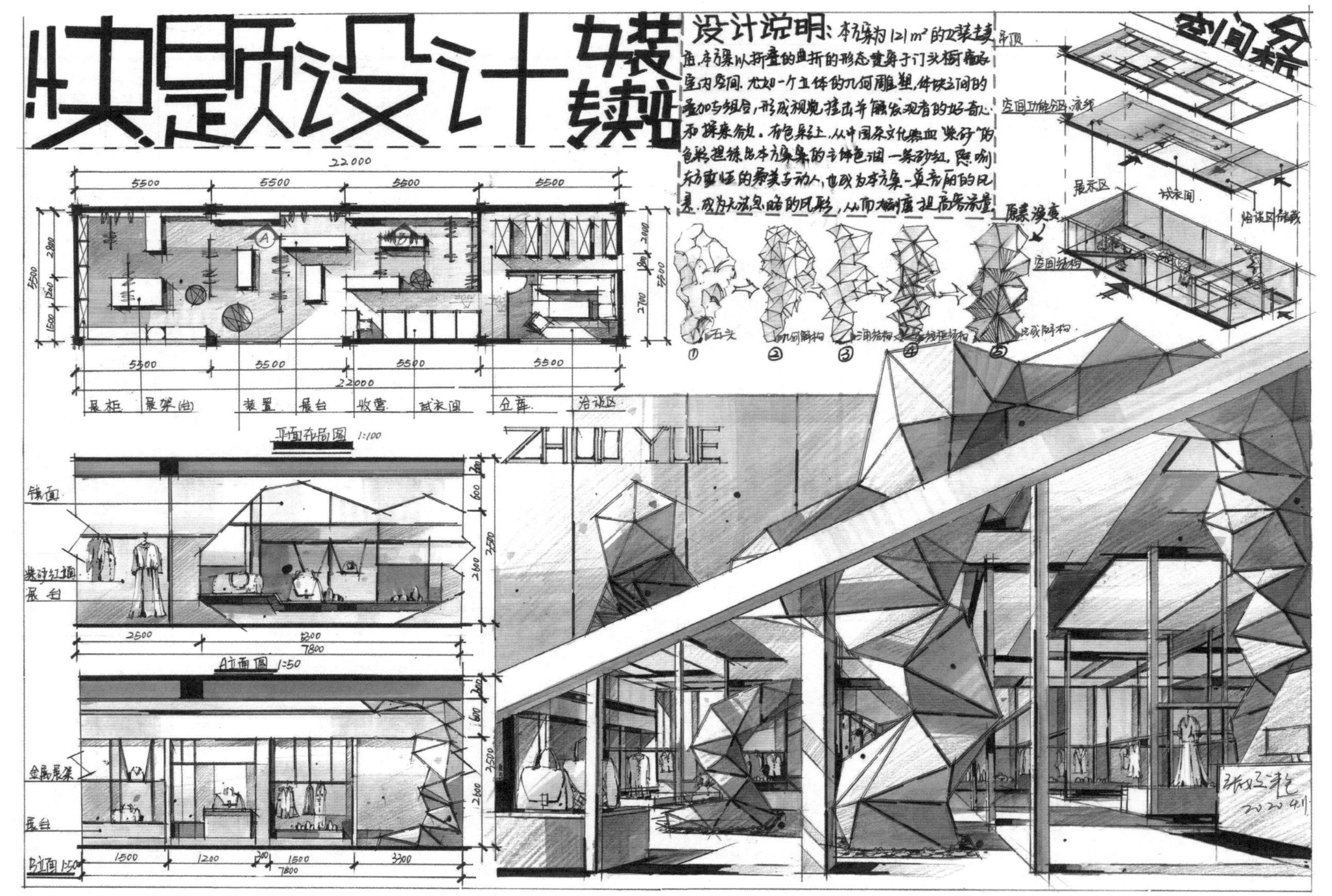

● 该作品采用主图像排版方式，并通过各种展陈方式，呼应该主题空间的需求，空间透视效果图通过体块关系表达层次，空间虚实与光影关系表达明确。

●该作品以室内和室外相结合的表现方式体现酒店大堂设计，并且以生态设计为核心，通过材料、结构、环境等分析图突出主题，构图饱满、逻辑清晰。

该作品以斜面的横架作为建筑的主要结构，通过从顶面贯穿到立面的建筑结构形式表现整体画面效果，通过沉稳的色调表现画面的主要材质，整体构图跟随画面透视，新颖、特别。

● 该作品整体构图逻辑清晰，且画幅饱满，通过相应的空间层次、立面构成以及局部材质突出该方案的主题特色。整张快题作品从分析图、效果图到立面图，都在强调江南特色，氛围烘托十分到位。

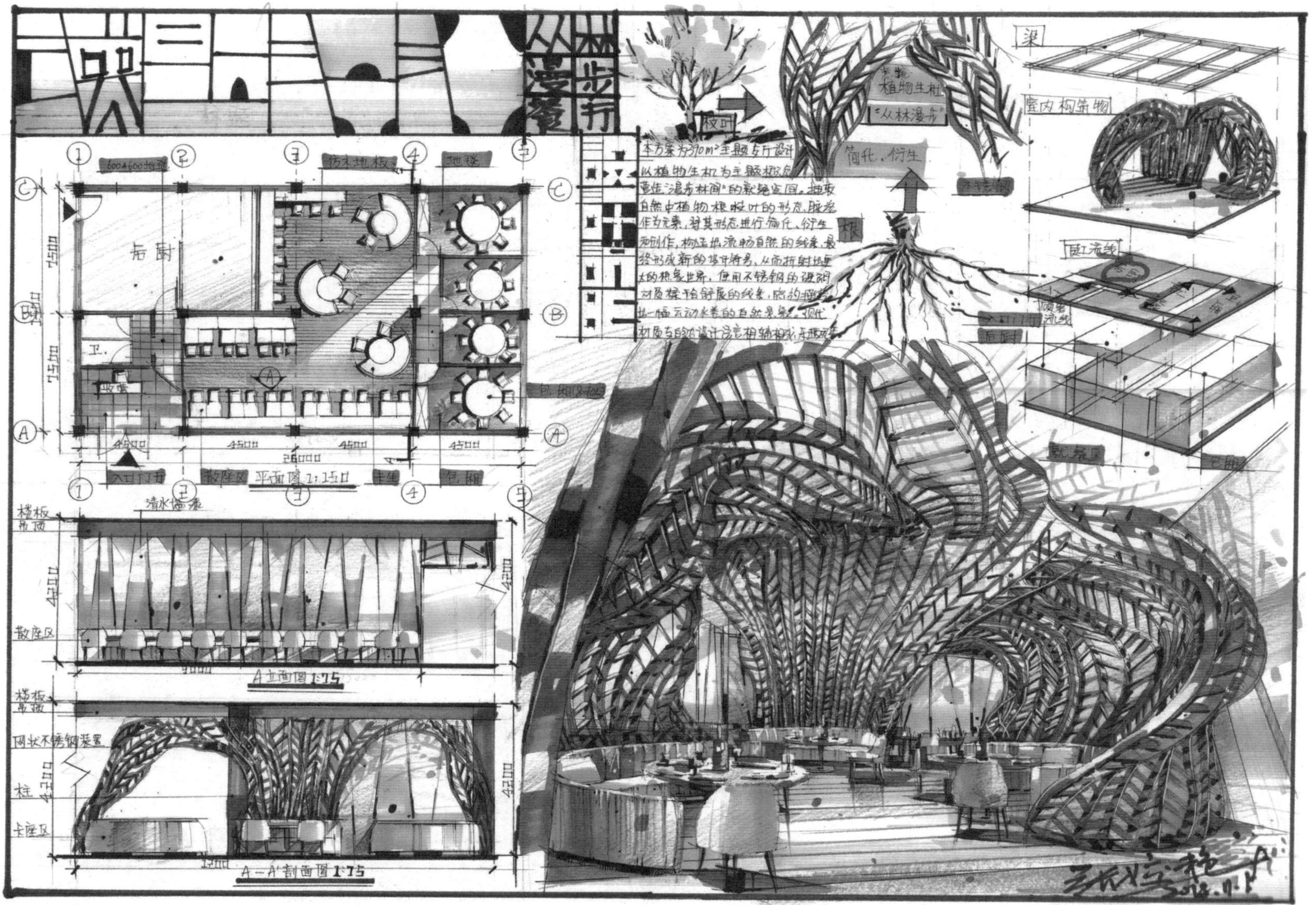

● 该作品的设计元素运用了植物的生长状态，并将其作为主要元素，贯穿于整体空间结构中，既能起到装饰作用，又能起到阻隔功能。元素运用与空间主题十分契合，画面表现十分明朗。

● 该作品以轴测图的形式清晰表现了以青年公寓设计为主题的空间布局，通过深入分析该方案用户的信息，运用具有特色的主体色调，使整个方案更加突出个性化的表现，画风别具一格。

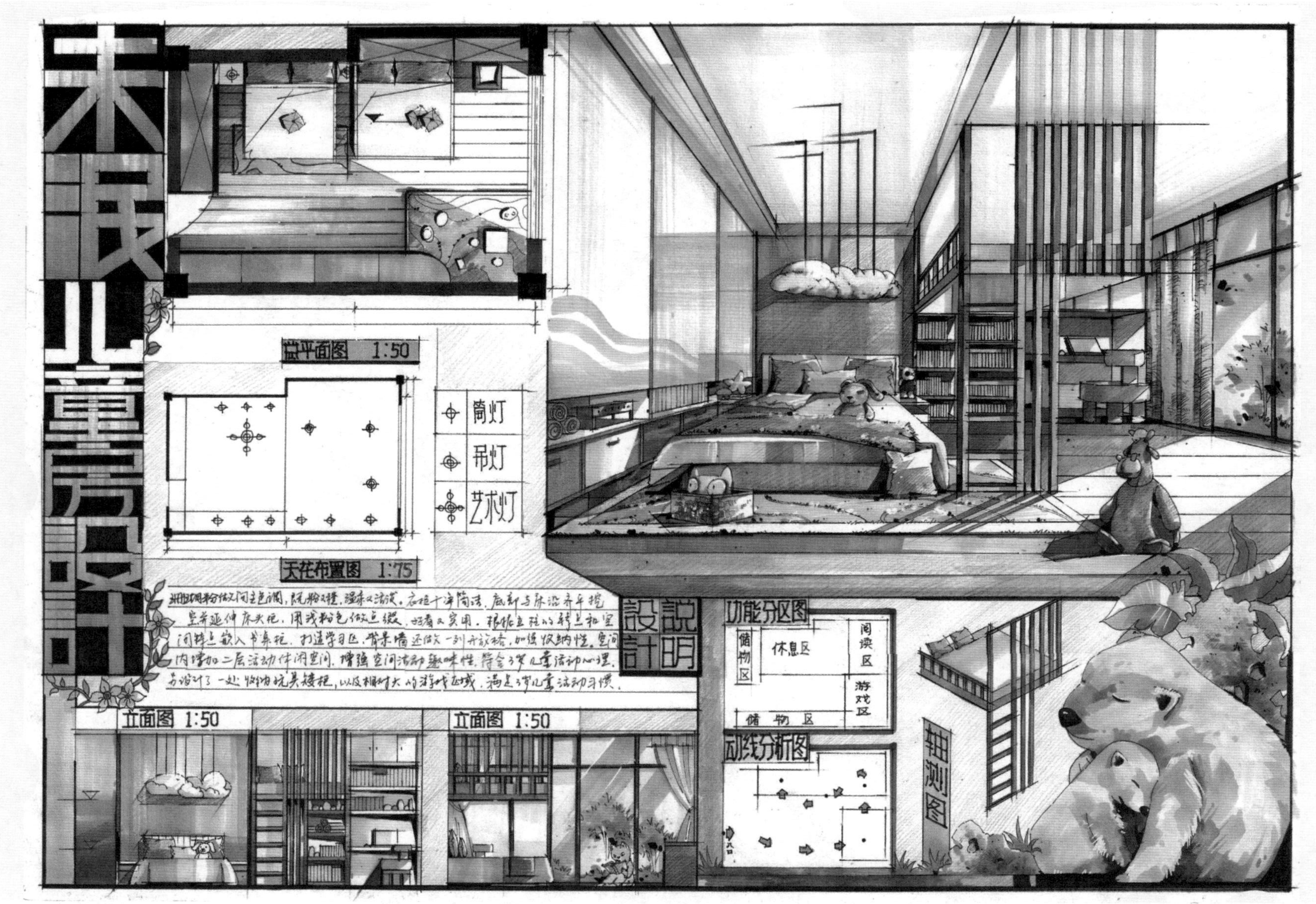

● 该作品排版清晰明了，用色温馨舒适，通过布局、材质、色调来突出这是围绕儿童进行的空间设计，画面表现与主题十分契合。

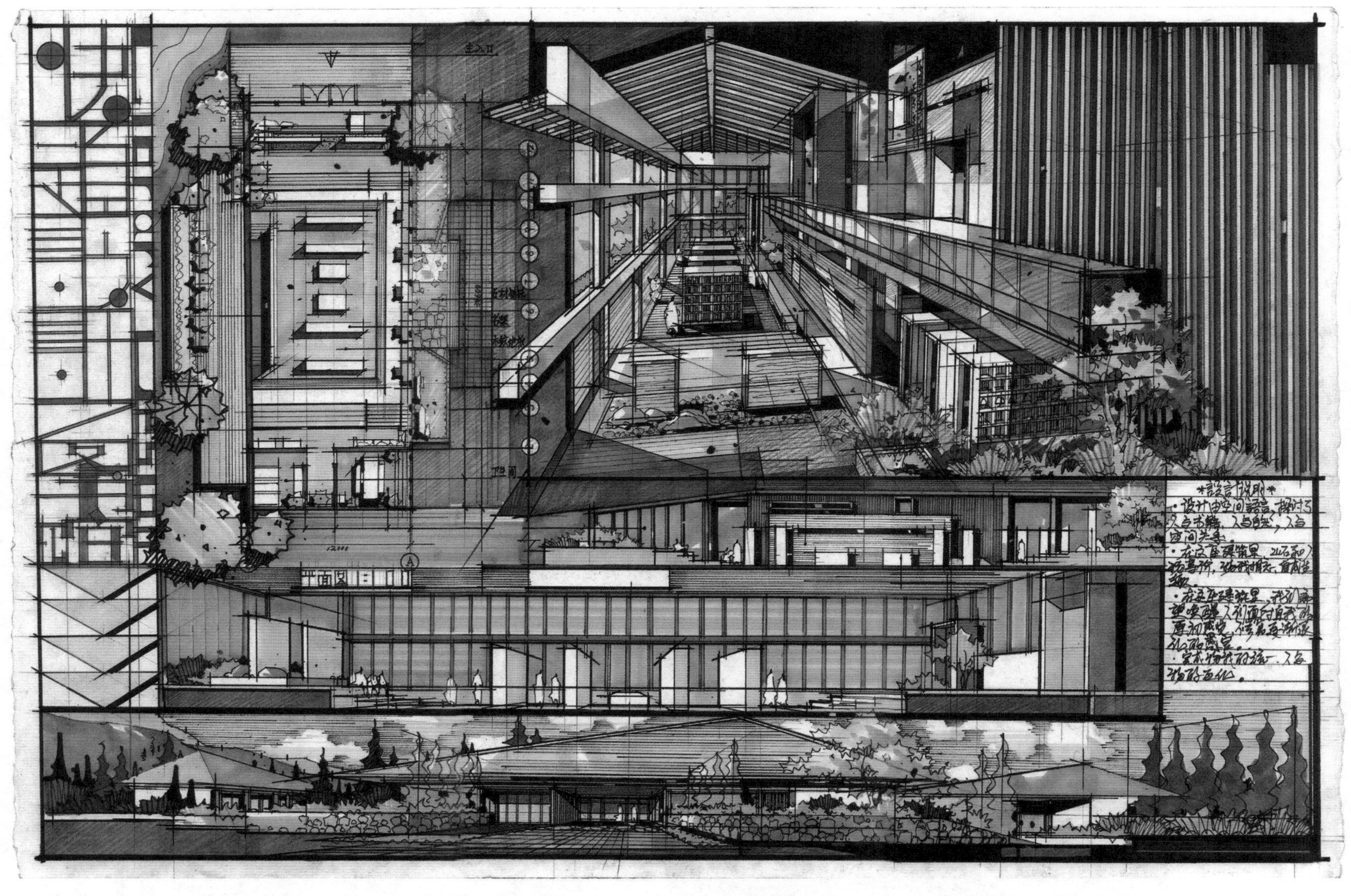

该作品用色简洁明了，通过简单的上色将相应材质表现得十分明确，整体色调协调统一，空间层次丰富，室内空间通过体块的组合营造了较好的效果。

● 该作品的色调统一协调，通过不同材质表现整合空间，顶面运用了较为特殊的镜面材质表现整体空间的通透、沉稳。

● 该作品色调协调统一，运用了木色调作为整体空间的色调，非常明确地烘托了乡村振兴这一空间主题，并且整体空间结构清晰，空间的开放性功能分区也表现得十分丰富。

● 该作品从整体方案的多角度阐述，将室内效果与室外局部效果通过处理融合表现，排版形式非常新颖特别，可以更好地表现室内效果的通透性，也使排版更加紧凑、饱满。

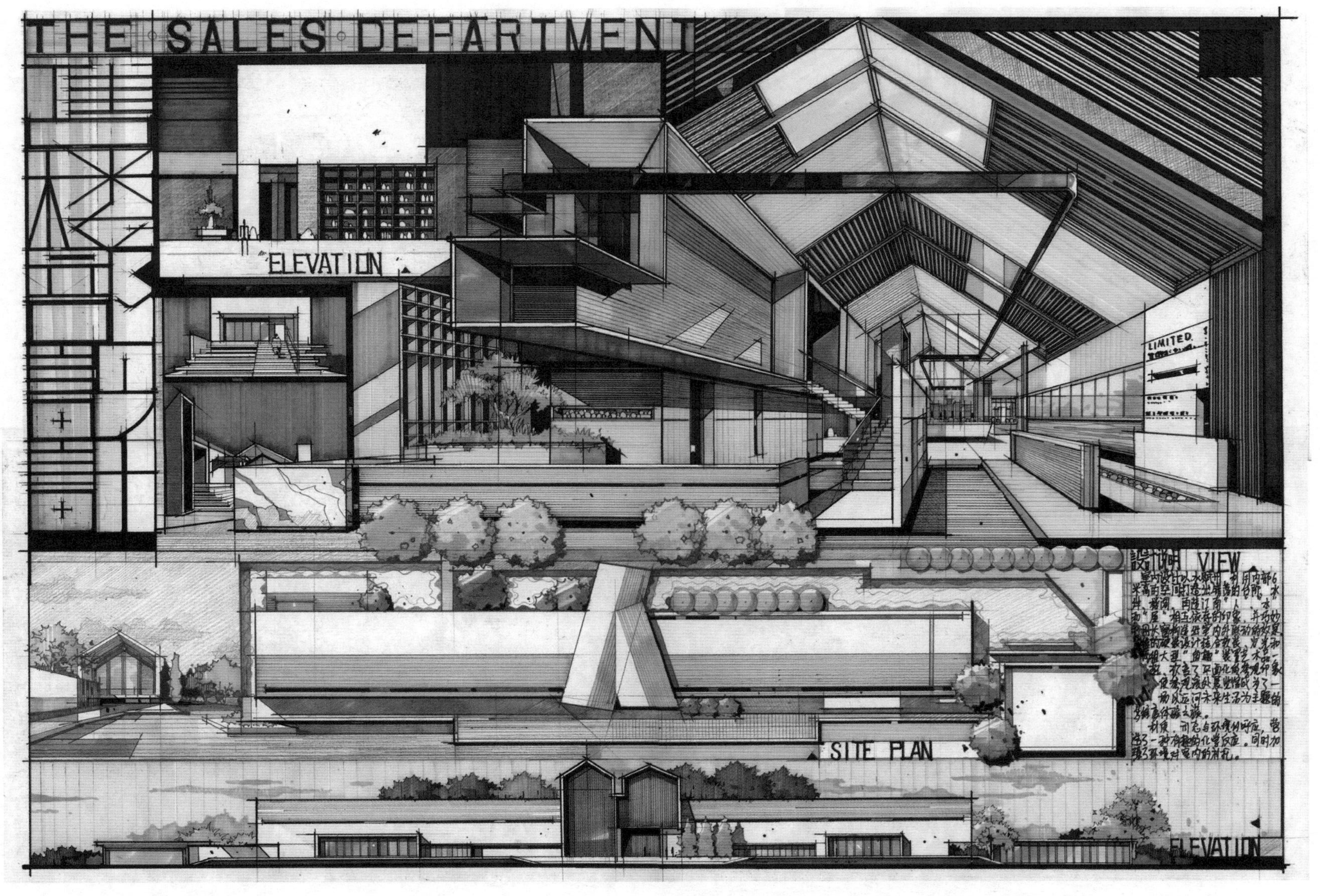

该作品上色运用了铺色的技法，将空间前后关系以及光影关系表现得十分明朗。色调虽然简单，但空间结构、相应材质交代得十分清晰。

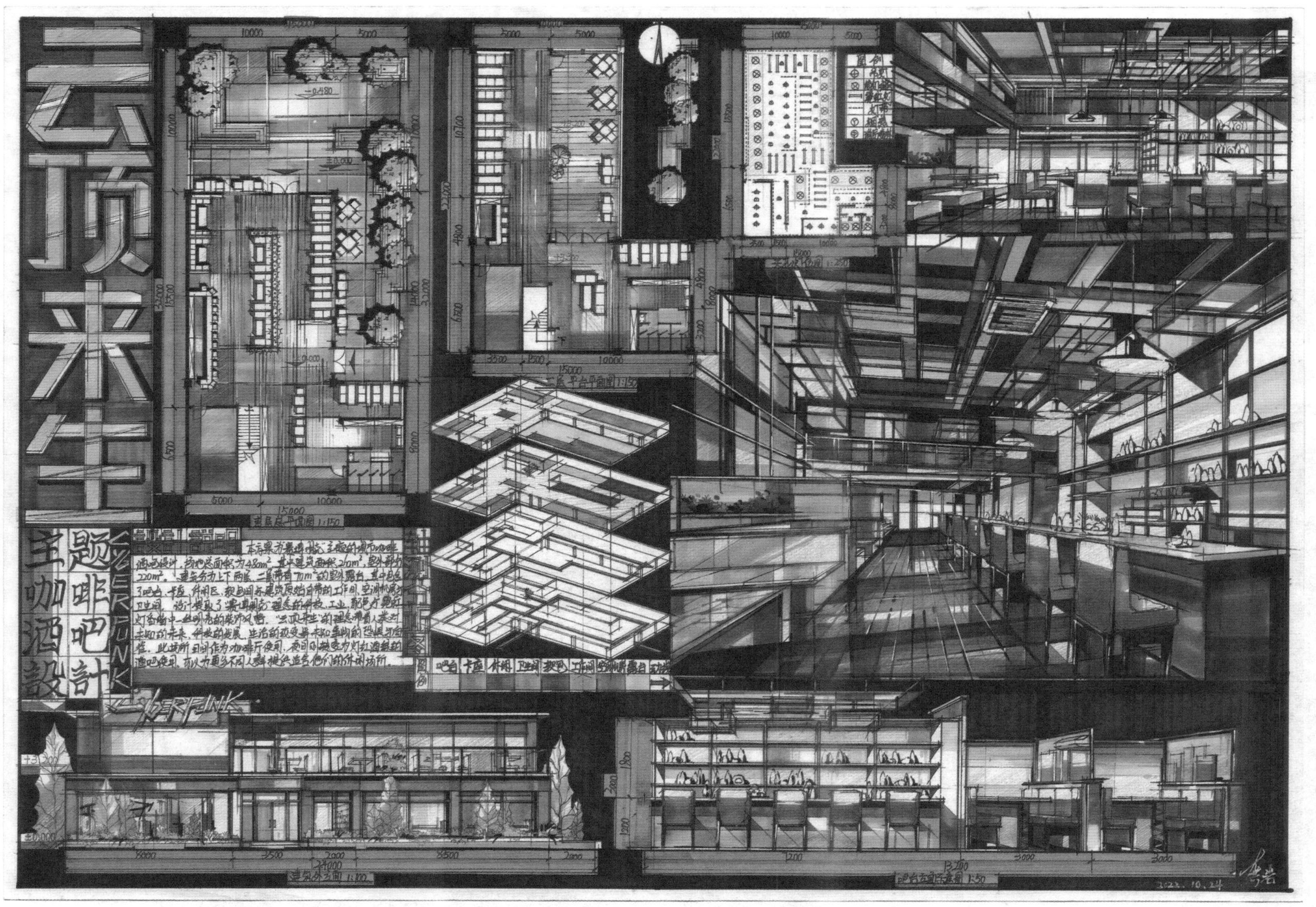

该作品上色大胆、新颖，通过色调与空间主题相呼应，画面效果多处采用镜面材质表现，并运用简单的马克笔技法表现该空间绚丽夺目的光影效果。

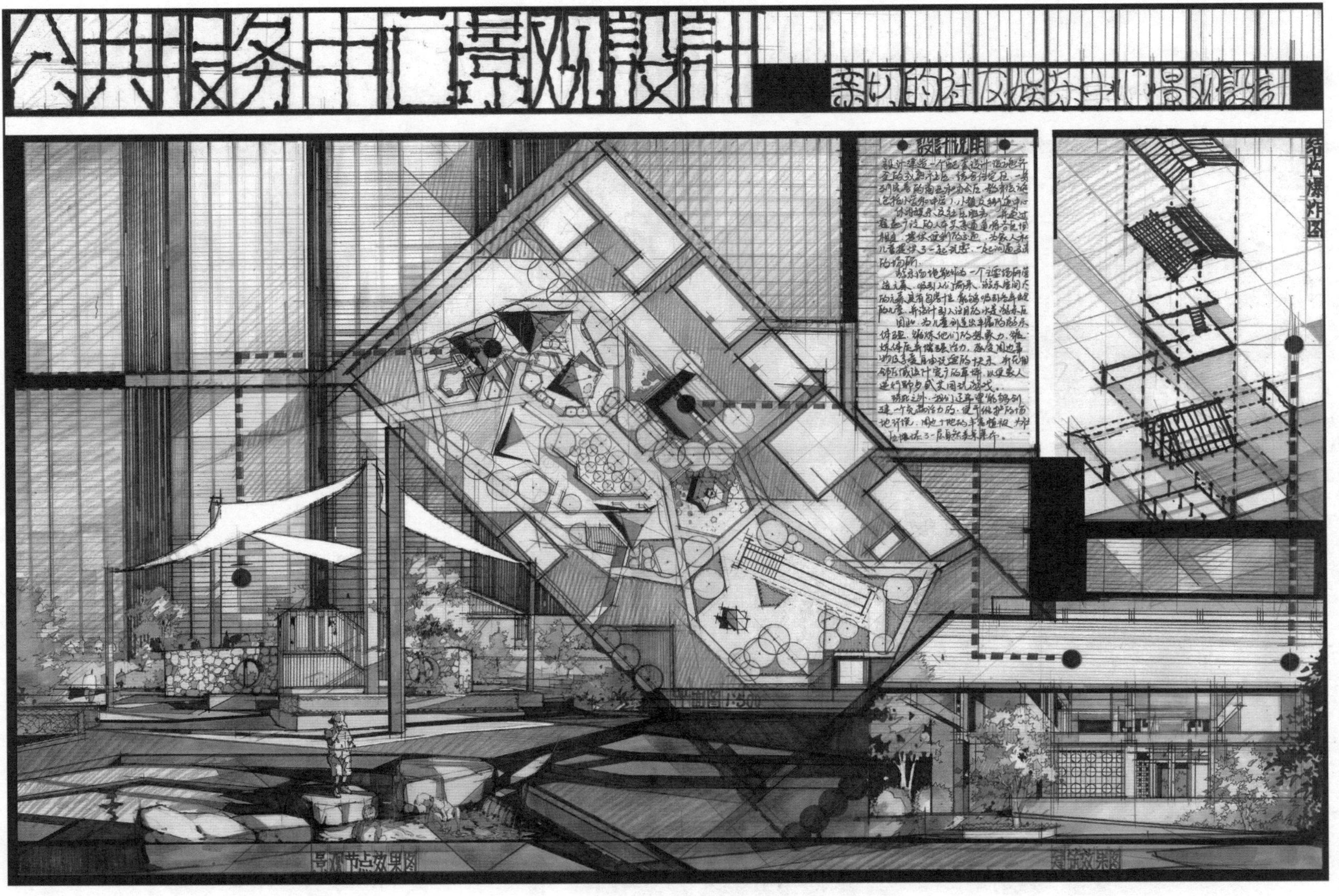

● 该作品通过打造景观设计部分，更好地突出了公共空间下的人与自然、人与空间之间的关系。整体画面色调冷暖结合，组织形式处理得当，表现了丰富的社区中心和公共空间内容。

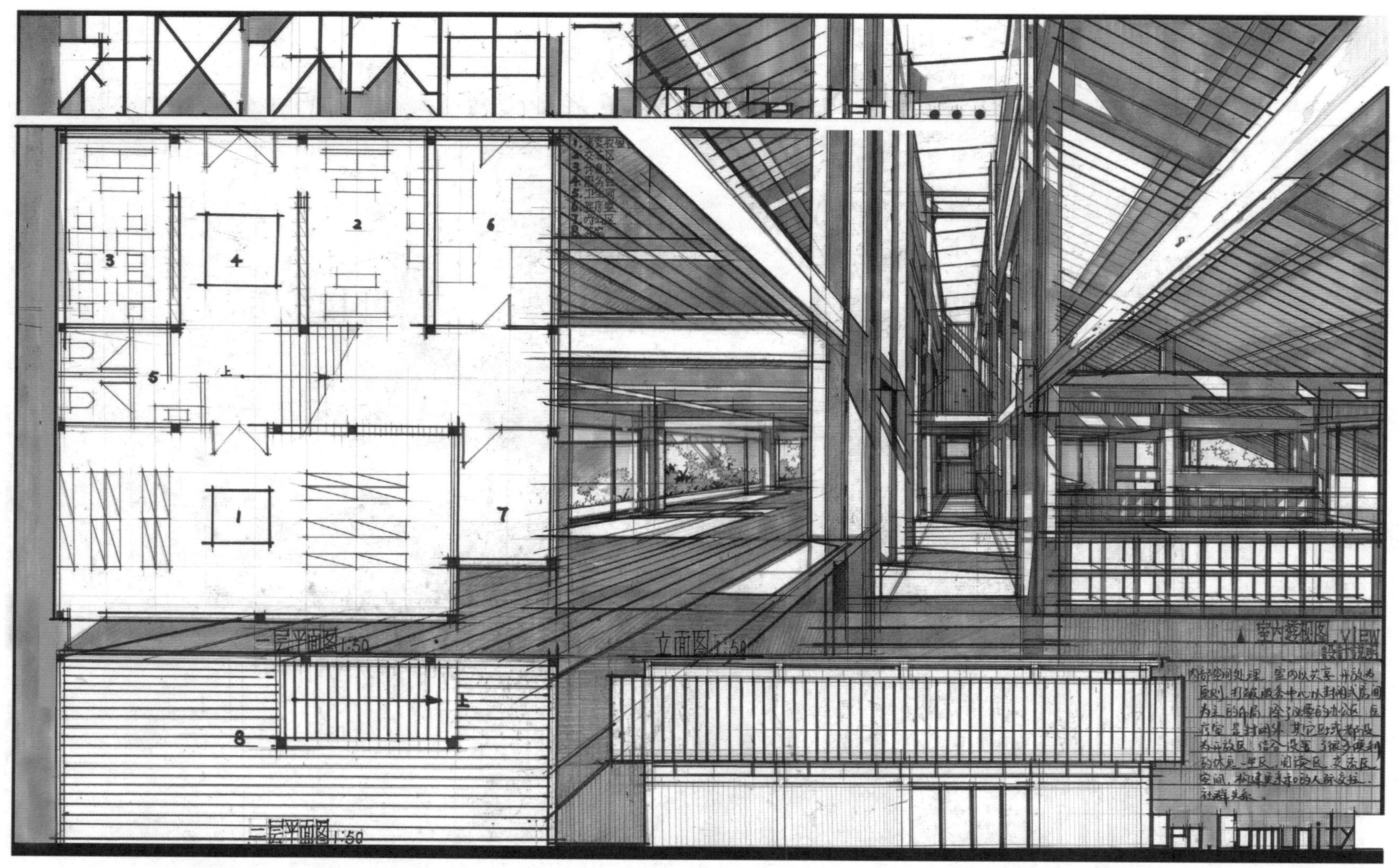

● 该作品呈现的整体画面效果以复杂的建筑结构形式作为支撑，通过单色上色表现，将整体画面的空间结构以及光影关系表现得淋漓尽致，清晰明确，色调虽然简单但不缺失内容，表现手法大胆，抓人眼球。

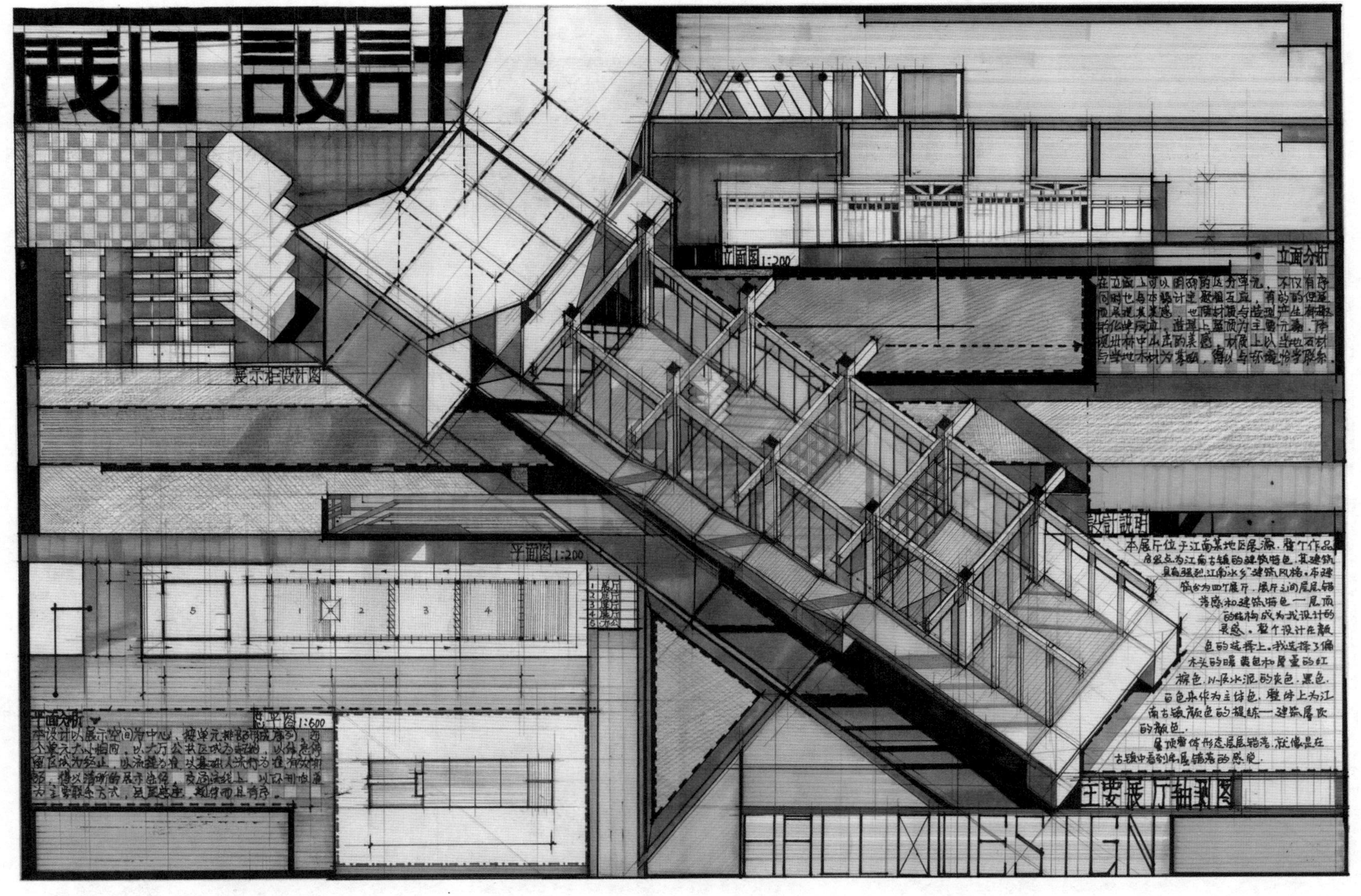

● 该作品将效果图以轴测图形式呈现，细节清晰，在放大构图占比的同时强化了空间结构，使建筑结构清晰严谨，造型的可观性得到了增强。

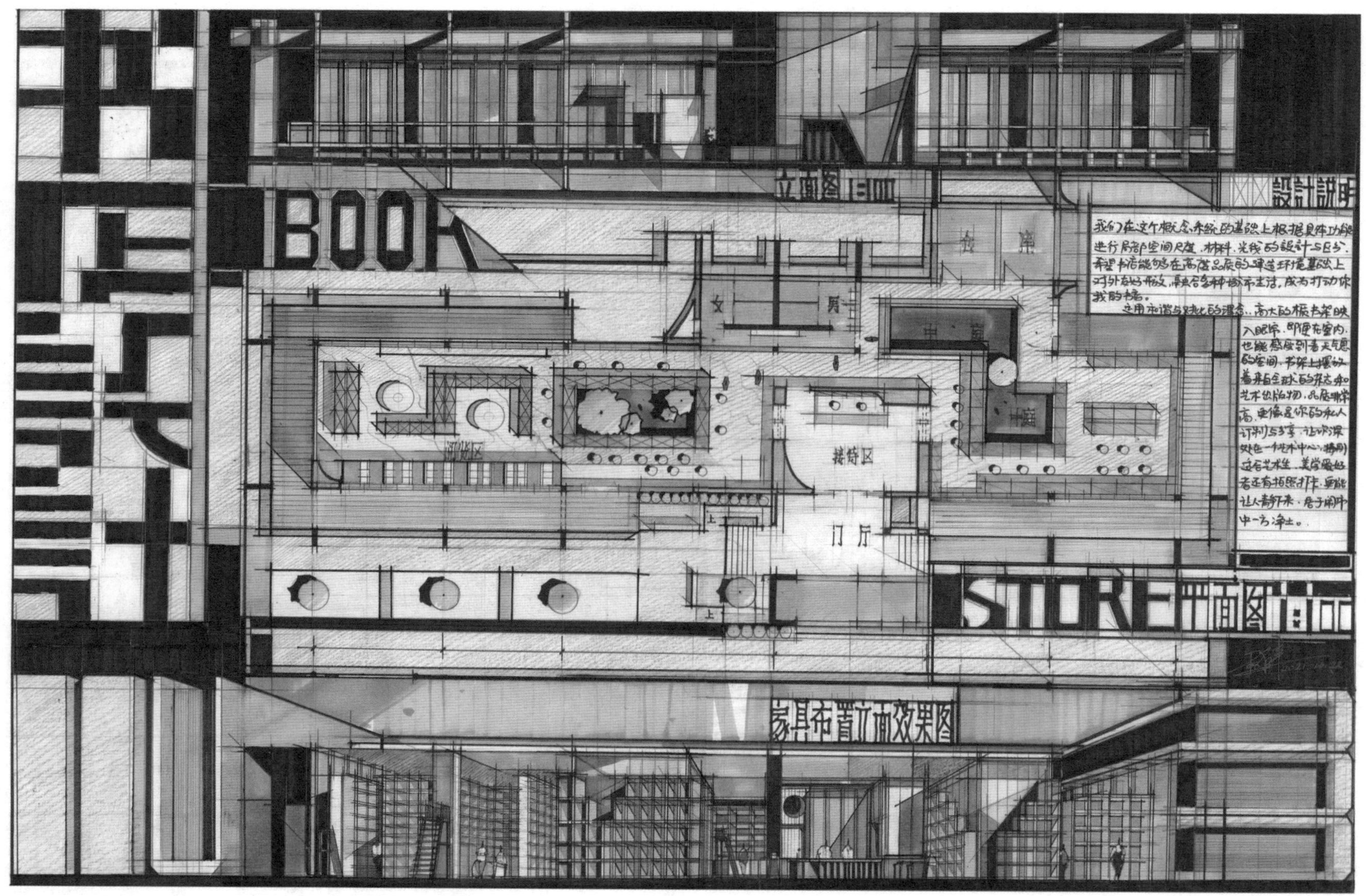

● 该作品是一个以书店为主要空间形式的方案设计，整体画面突出表现了书店设计的平面布局，通过严谨、清晰的平面布局图表现整体空间，并通过家具布置立面效果图直观明了地体现了该方案的空间层次。

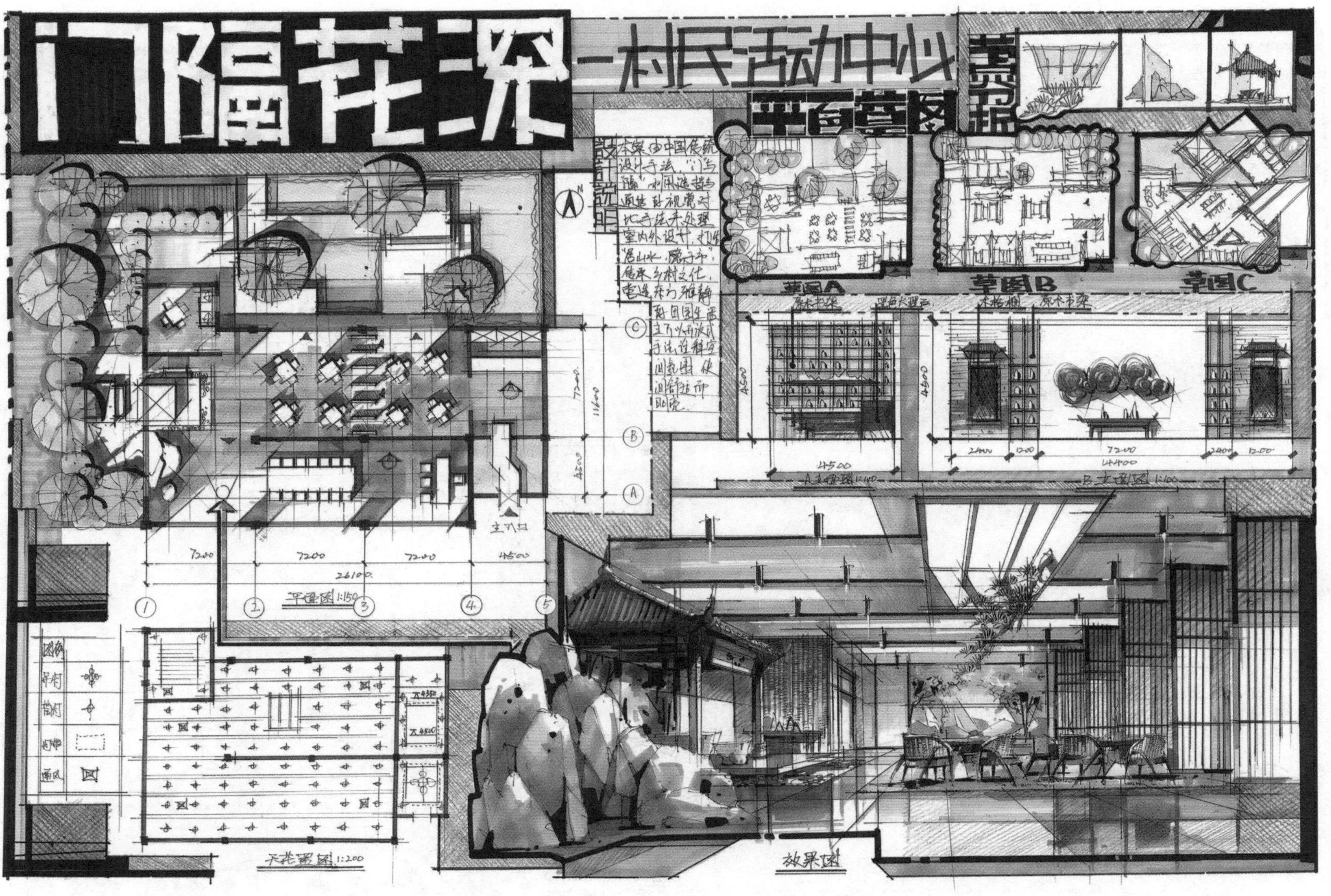

● 该作品整体排版逻辑清晰，并且包含了不同平面方案的草图分析，展现了不同的思维角度，为了使整体画面效果切合乡村活动中心这一主题，从立面、顶面以及空间构成的角度运用了符合这一空间主题的家具和装饰元素，全方位地烘托了空间氛围。

● 该作品的空间定位为乡村咖啡馆，是在乡村振兴这一主题概念下引申出来的空间设计，为了点明设计主题，整体画面通过主要的室外效果以及室内效果表现，整体方案逐一表现了庭院设计以及室内的空间布局，从全方位的角度分析，画面效果丰富，氛围烘托到位。

● 该作品定位为办公空间设计，所以运用了较为复杂的工业风吊顶契合空间主题。室内效果表现了不同的空间形式，整体画面构图饱满、紧凑，内容层次丰富。

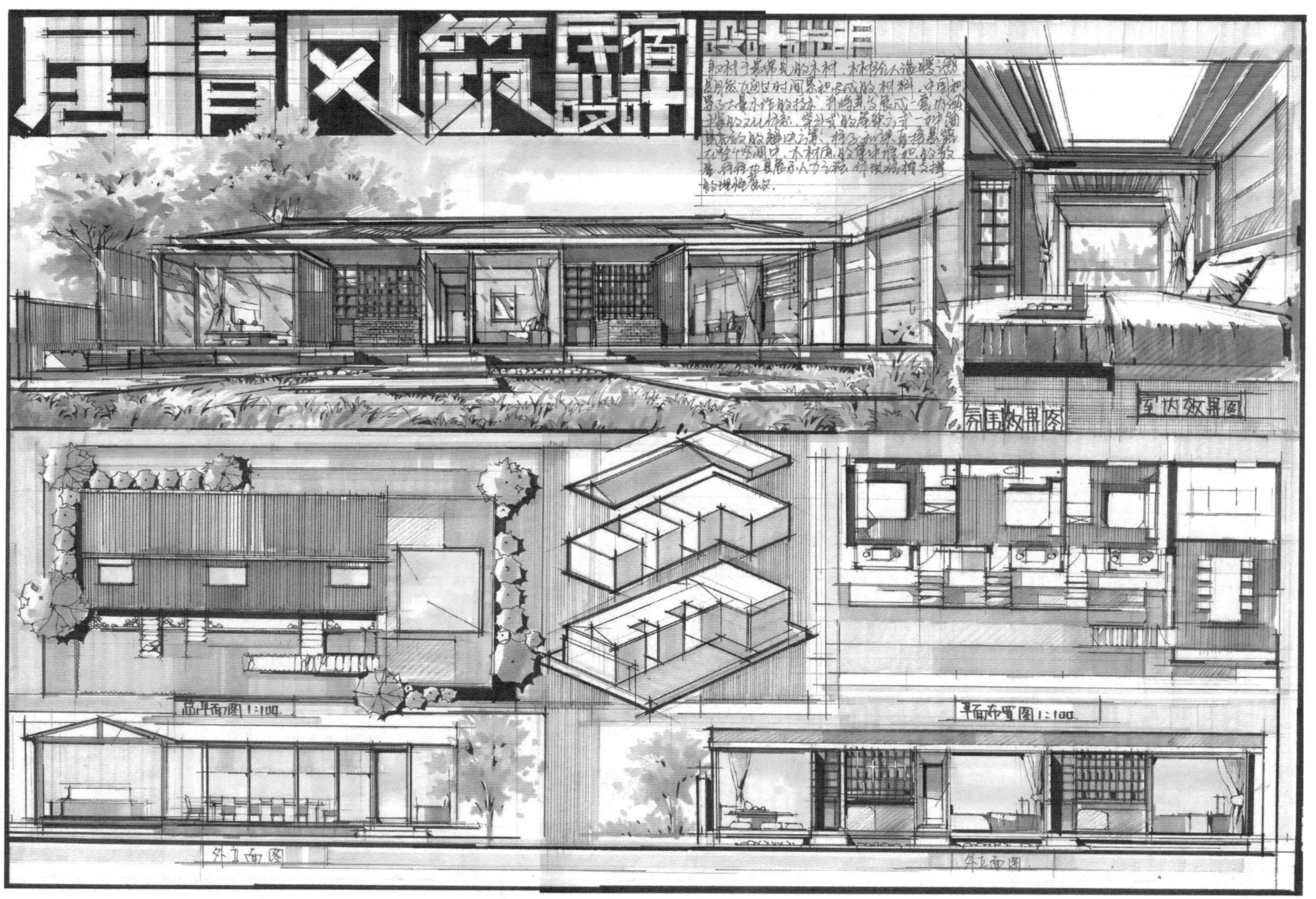

该作品风格清新，营造了建筑、室内与景观的联系和氛围感，排版清晰，建筑造型丰富，建筑立面的透视处理手法细致，不显单调。

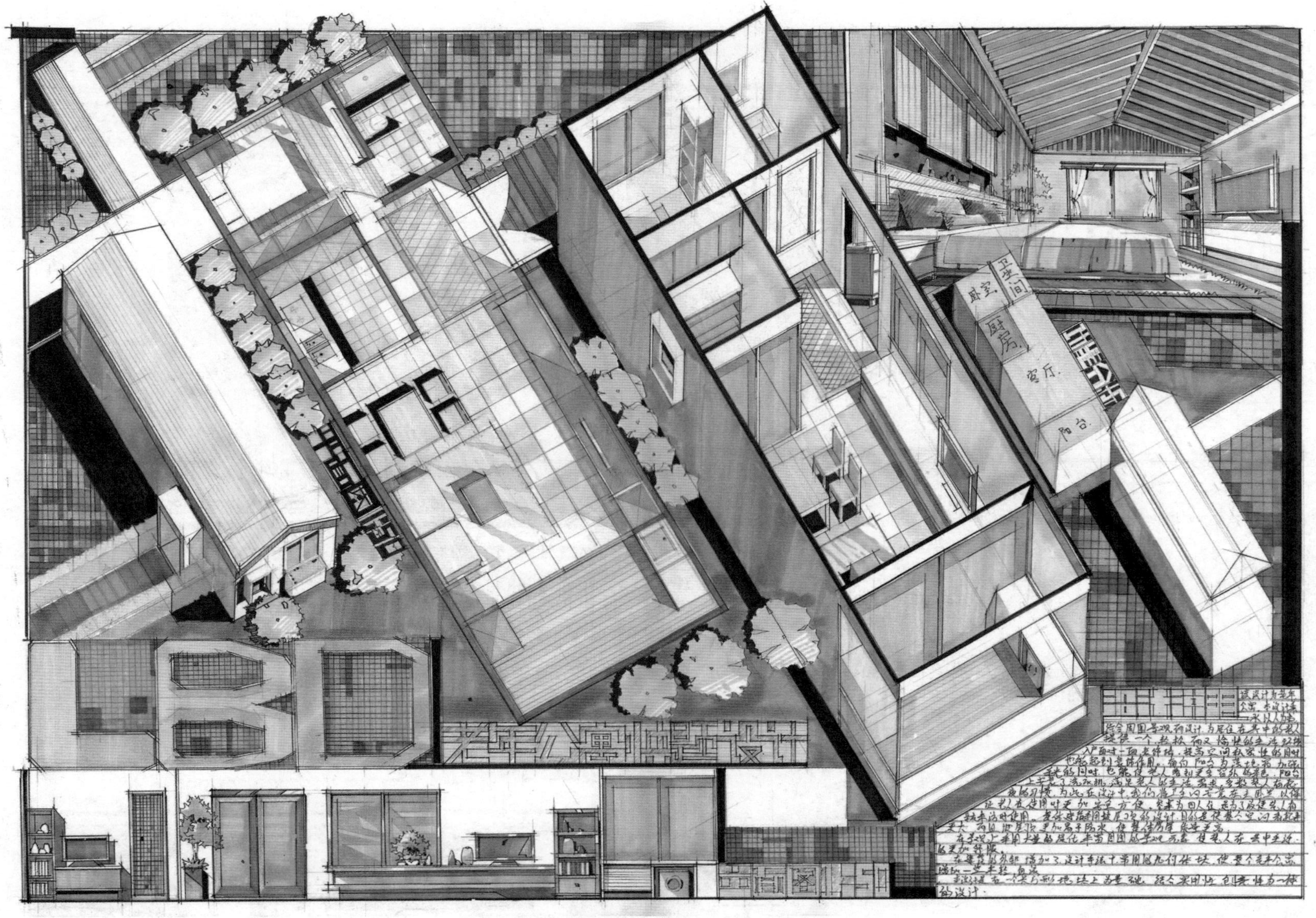

● 该作品是以老年公寓为主要空间形式的方案设计，根据空间主题的要求，在简单的空间轴测透视中，通过不同的空间分割手法满足了功能分区的需求，空间体块层次丰富，整体画面具有极强的张力。

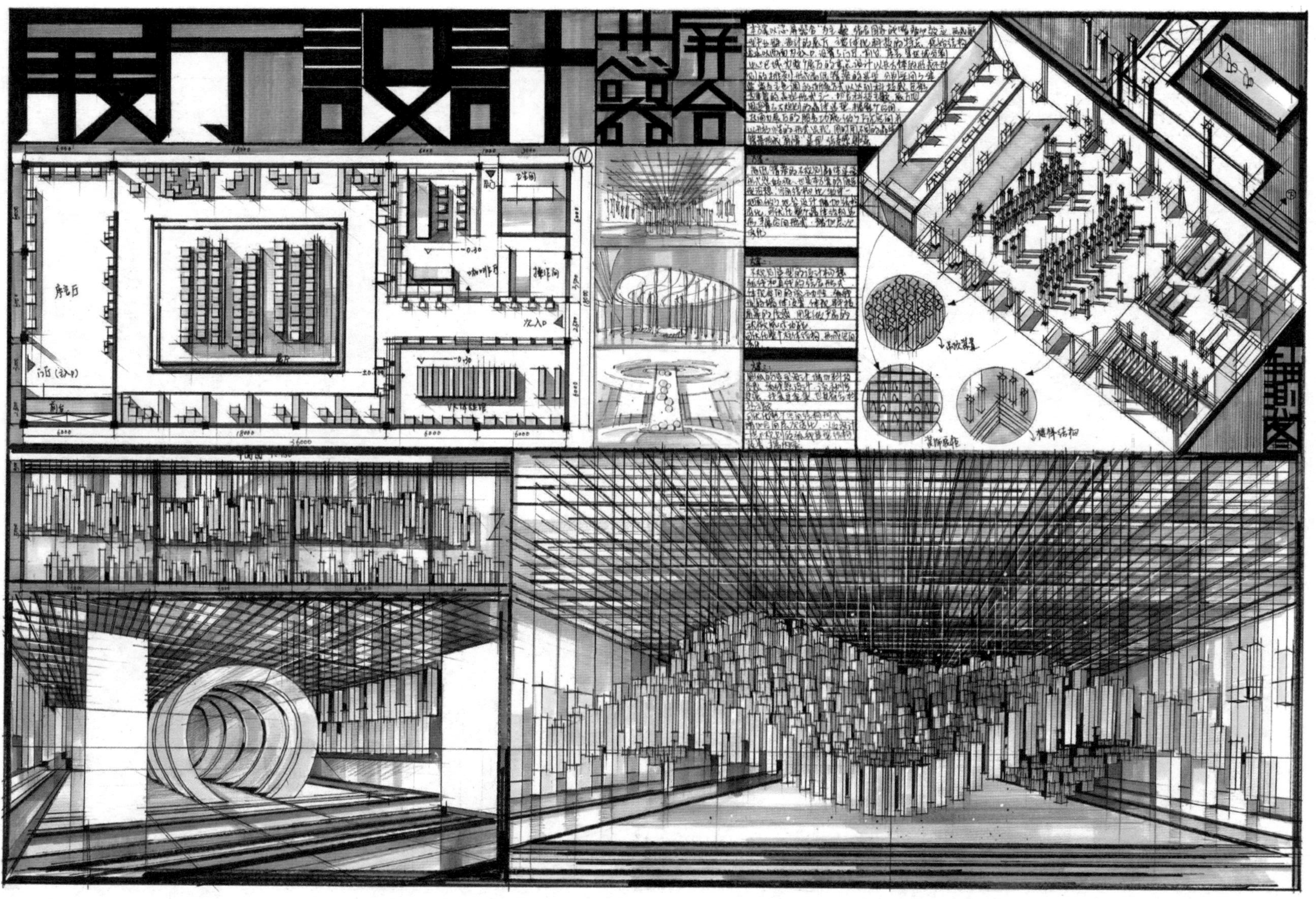

● 该作品为切合主题，将展厅展示的内容作为主要元素运用于展厅的各个空间，整体色调与空间主题相呼应，元素体块与空间结构形成强烈对比。通过主要效果、局部效果以及轴测图表现，非常直观地表现出该展厅的展示内容以及主题概念。

● 该作品构图饱满，通过光影关系以及玻璃这一材质，将空间表现得十分通透，可以在有限的视野范围内看到更多功能形式，使厨房这一单一空间拥有了更好的采光以及视野，透明化的建筑空间结构营造出了更开阔的画面效果。

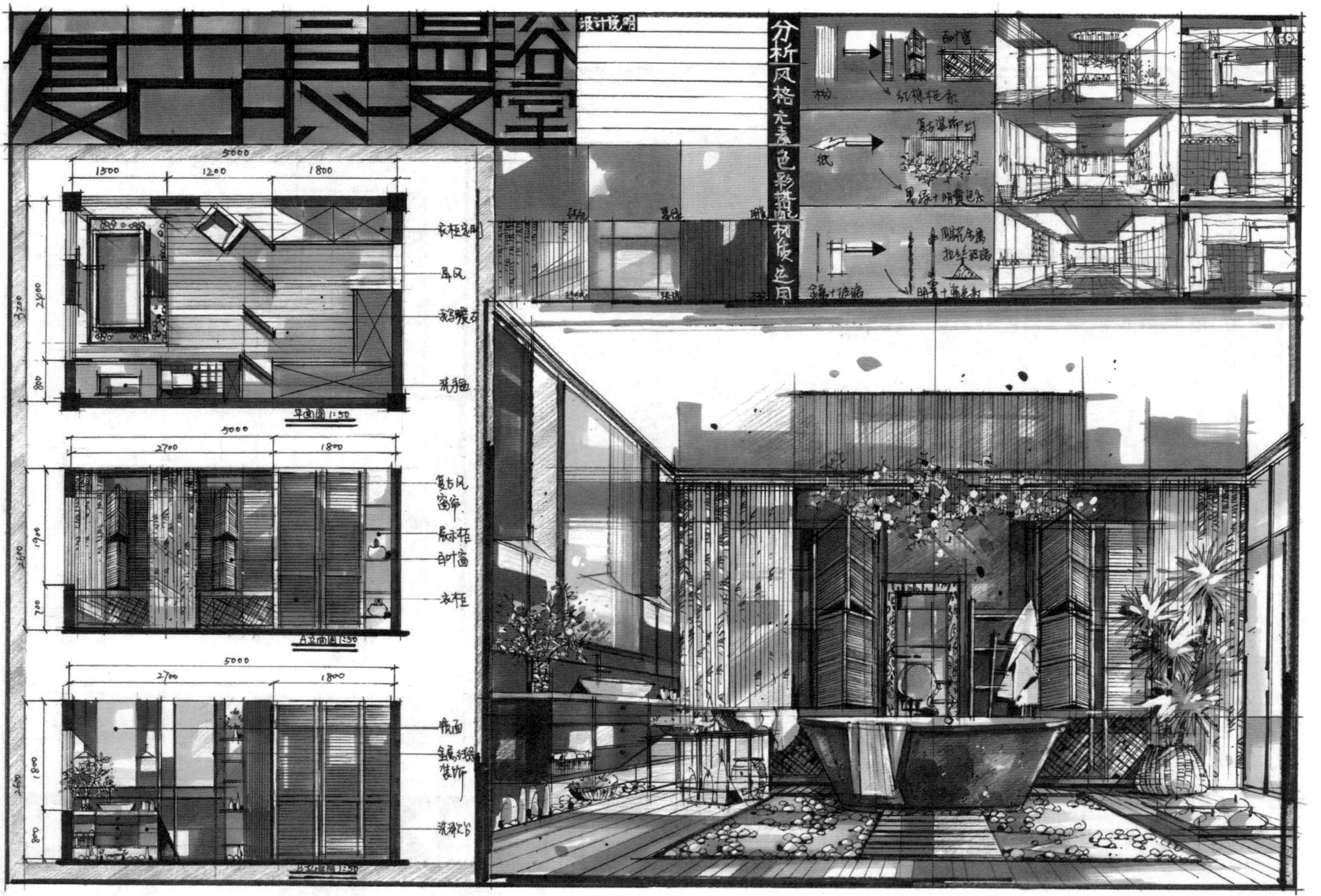

●该作品通过整体画面的色调以及相应的材质表现，烘托出以复古浪漫为主题的空间氛围，材质表现明确到位，空间立面构成层次丰富饱满，画面效果别具一格、主题鲜明。

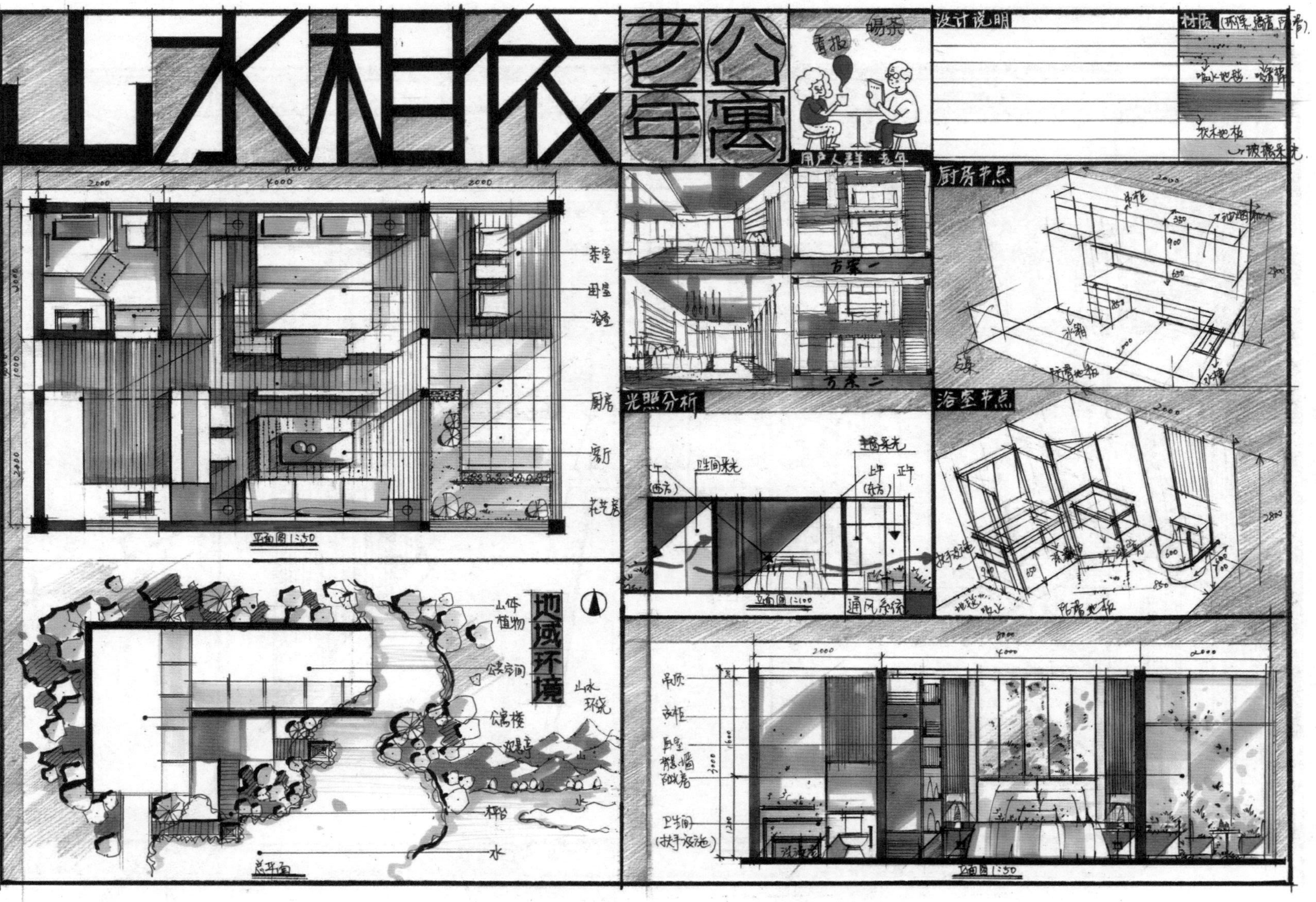

该作品包含了不同的方案草图表现，并且为了营造更适合老年人居住的公寓，整体方案不仅通过平面布局表现，而且分析了地域环境，整体分析图通过不同空间功能节点以及光照，逐一进行了适老化设计说明。

该作品的画面为了贴合老年人公寓这一主题，主体色调以红色为主，色调温馨，饱和度较低，材质较为柔软，空间结构表现明确，功能流线合理。

通过打造室内空间的景观部分，更好地突出了办公空间人与自然、人与健康之间的关系，整体画面色调冷暖结合，组织形式处理得当，形成了丰富的办公空间和公共空间。

该作品采用网格法构图，各幅图排列紧密，画面下方列举了各空间草图，体现了空间各角度下对应的不同功能区，更为详细地展示了各种设计角度。画面主题颜色统一，塑造内容丰富，关系对比强烈。

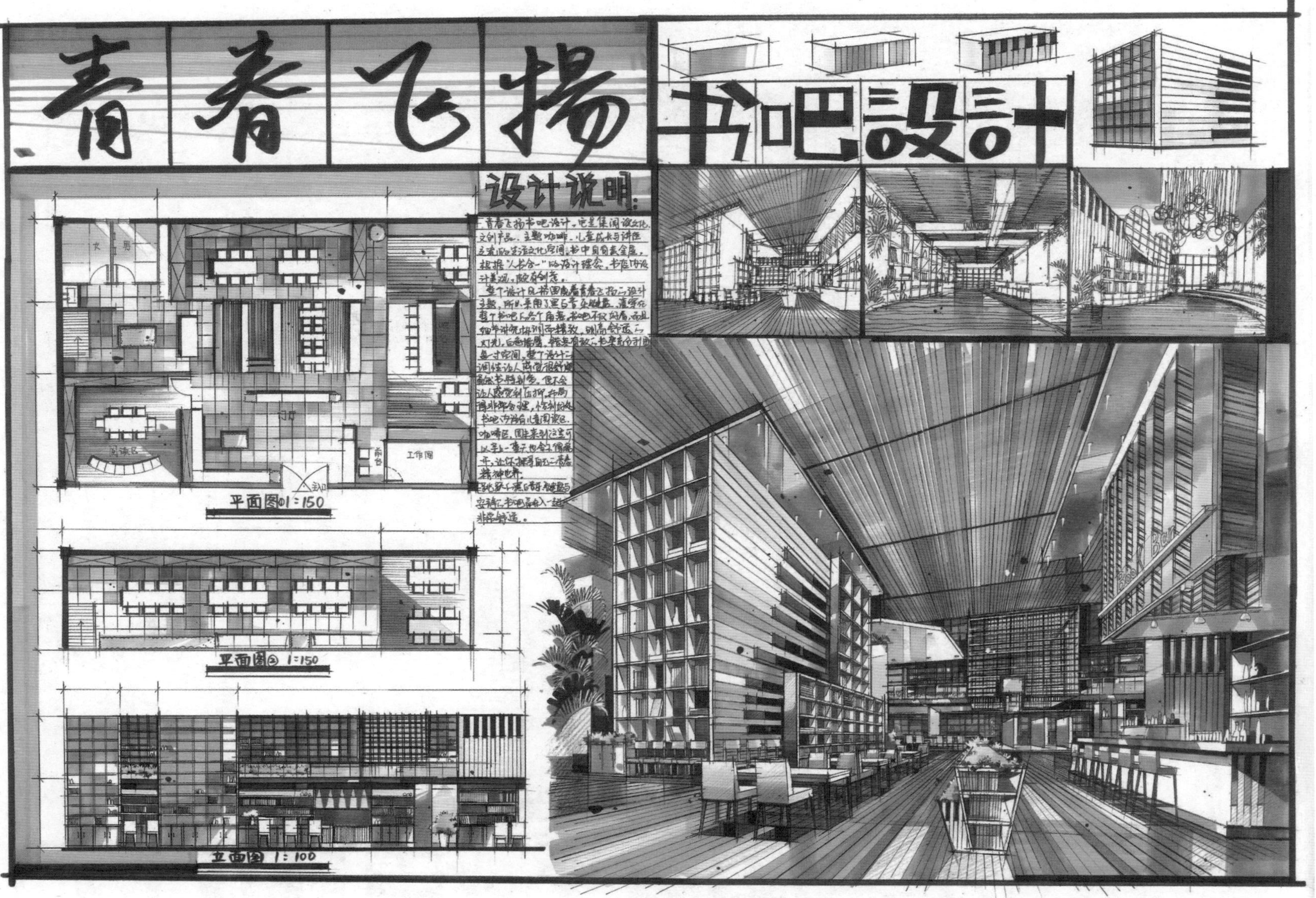

● 该作品构图采用了网格法，平面图、立面图、分析图表现清晰规范，在营造书吧这一主题空间的同时，列举了各空间的设计思维草图置入方案之中，强化每一个功能性分区的联系。画面丰富，明暗关系对比强烈。

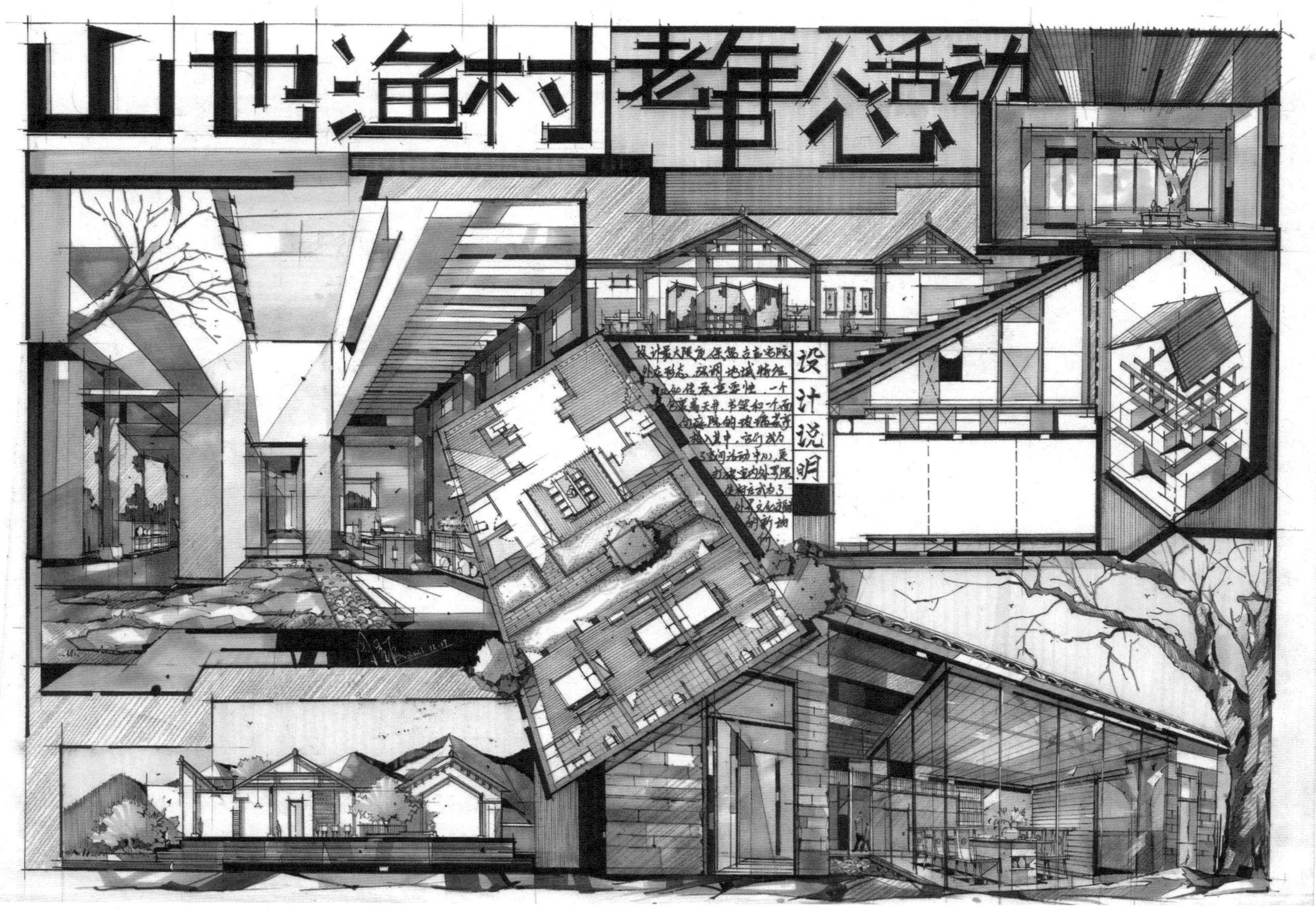

该作品将平面图置于画面正中，并赋予透视，强化了平面图在排版中的重要性，各效果图对应平面图角度位置，从而能精准分辨图纸之间的联系，有助于看图者理解方案。画面整体塑造饱满，主题鲜明。

● 该作品采用网格构图法，各幅图排列清晰，画面色调冷暖结合，组织结构形式丰富，营造了丰富的展厅空间效果。

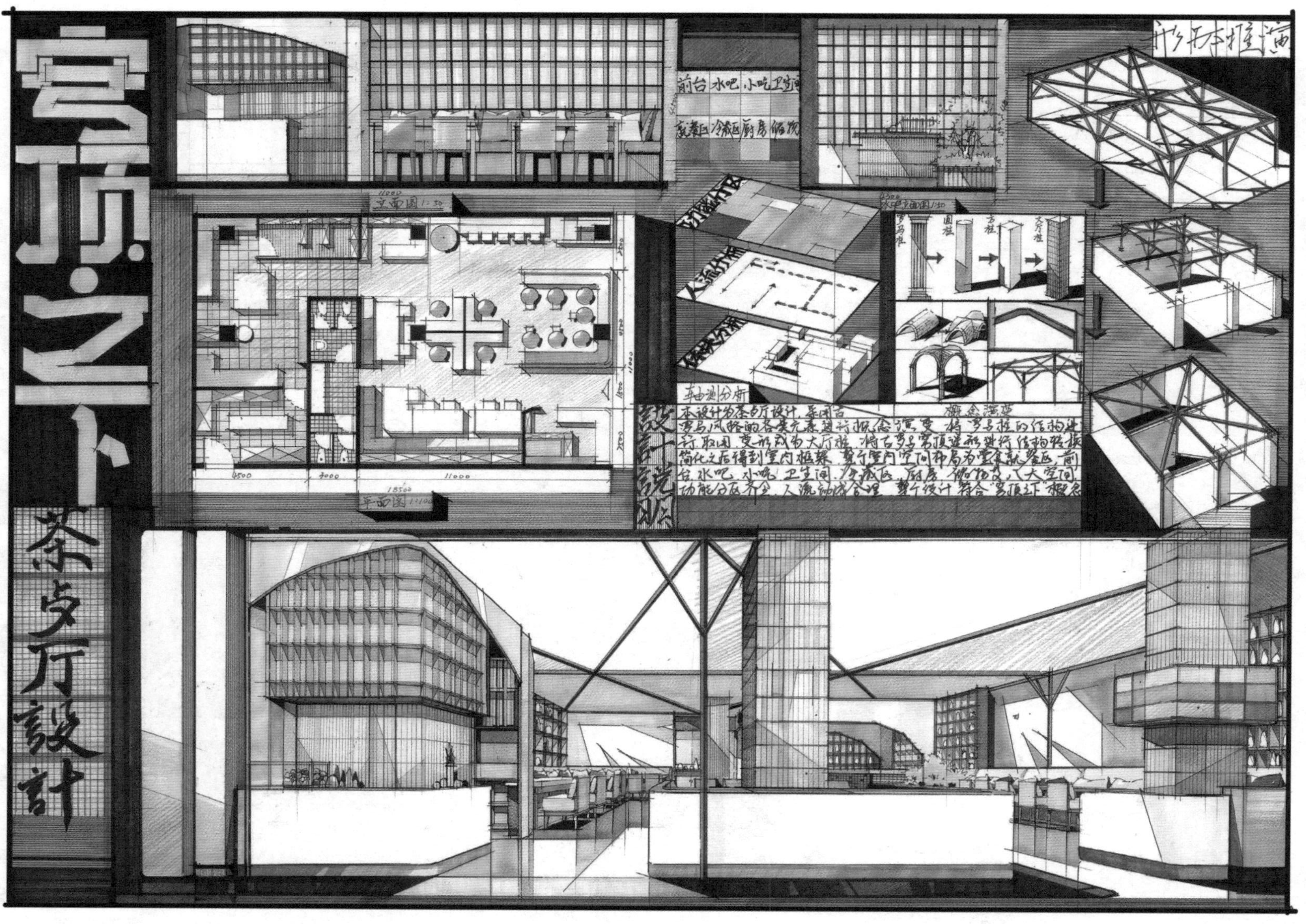

●该作品排版构图严谨规范，各图之间联系紧密，画面中分析图的形体推演强化了空间方案结构，并通过室内空间中各体块的组合搭配，形成了较为丰富的造型效果，整体视觉效果强烈，制图严谨、规范，画面光影关系塑造到位。

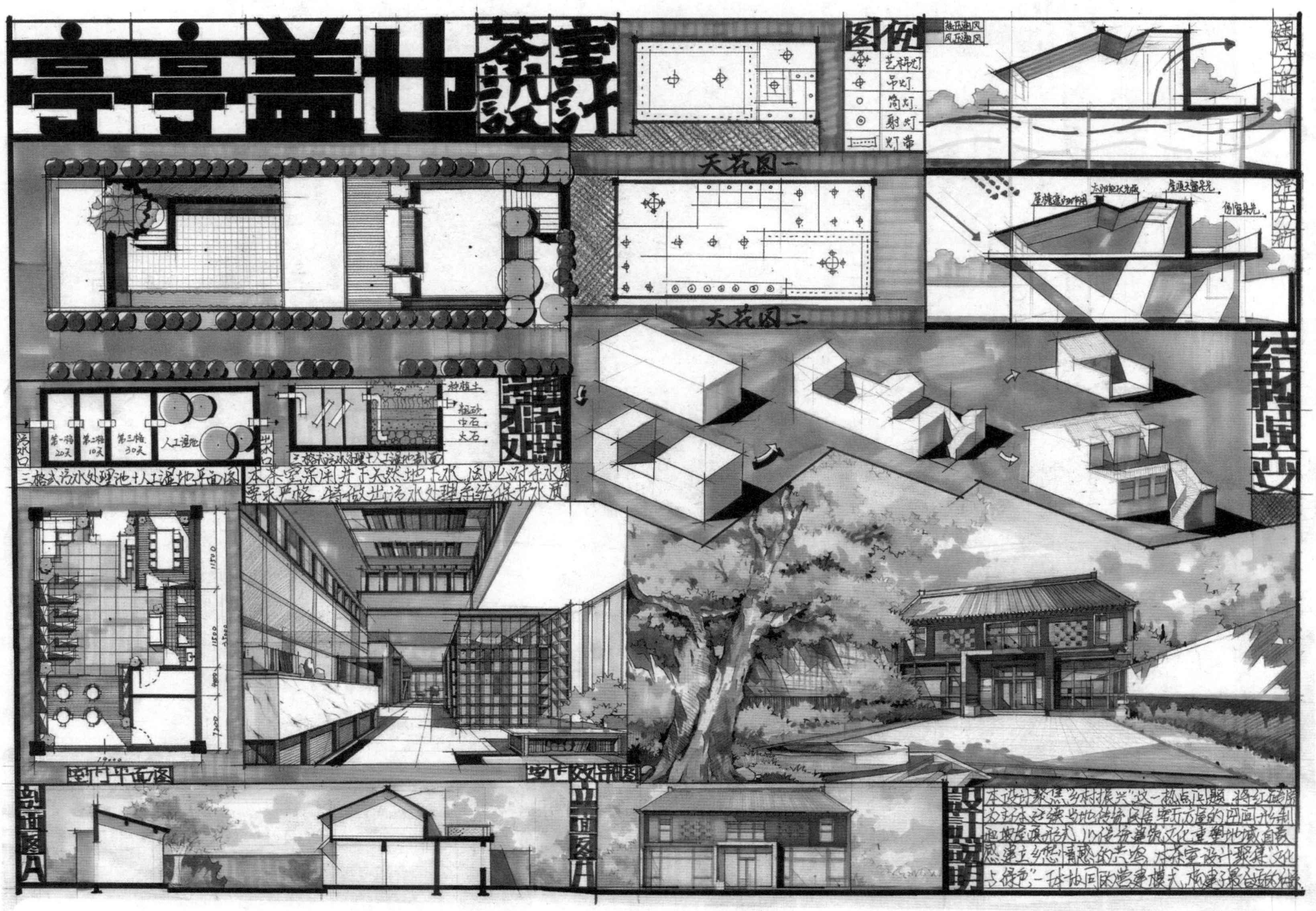

● 该作品建筑形体较为完整，图纸内容较为充实丰富，排版紧密，各图纸之间关联密切，并很好地呼应了场地条件。作品中涵盖的专业设计内容较多，制图规范、细致，值得参考临摹。

● 该作品中效果图的呈现视角新奇，在体现了空间趣味性的同时，也塑造了空间进深感，画面中通过地面部分的高低差体现了内容的丰富度，同时用色较为清晰，色彩对比效果明显。

● 该作品构图采用网格法，平面图、立面图、分析图清晰规范，通过营造茶室这一主题空间，将景观设计中雨水花园的设计思维图置入方案之中，强化室内空间与室外空间的联系。画面的明暗关系对比强烈。

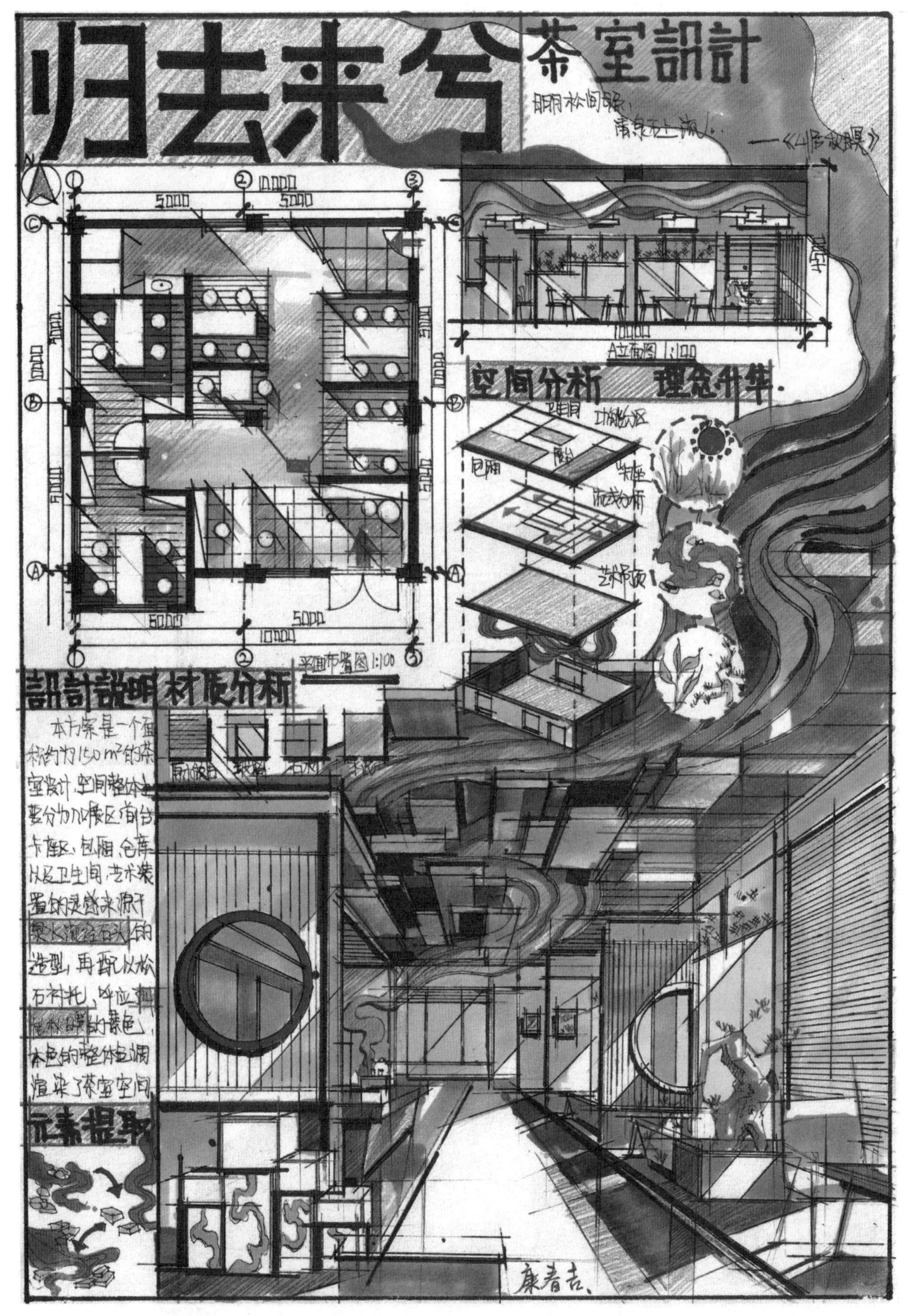

● 该作品构图新颖，吊顶部分的中式元素延伸至画面顶端，让该元素贯穿整个画面。标题部分字体做了变化，视觉效果强烈。制图严谨规范，画面光影关系塑造到位。

● 该作品构图饱满，效果图光影留白处理到位，明暗关系对比突出，主题性明确，空间氛围感强。

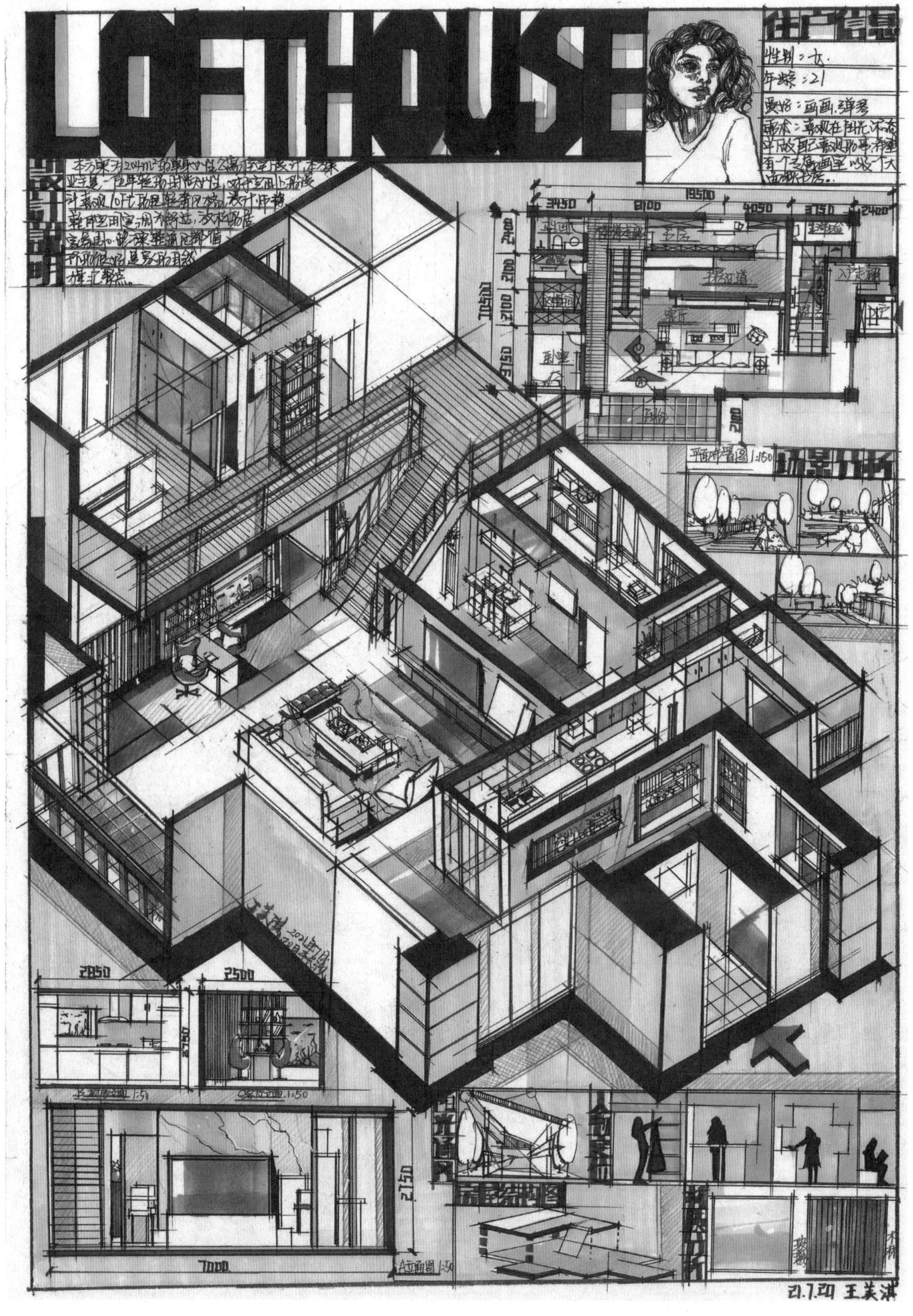

● 该作品采用主图像排版方式，将公寓的每一部分细致呈现，环绕式分析图体现了整体方案的逻辑性，配色方面也敢于创新，营造了主题氛围。

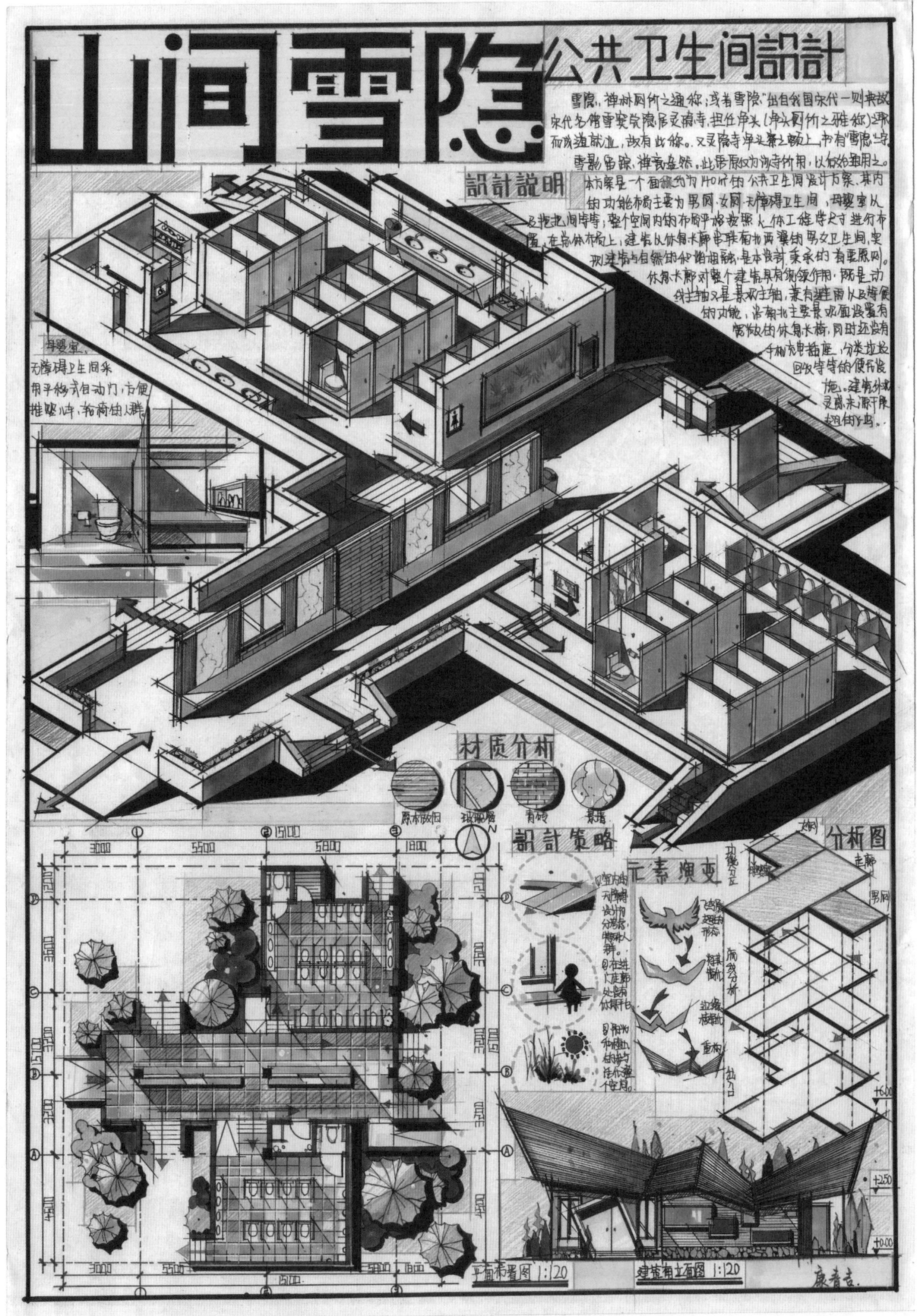

● 该作品采用主图像排版方式，细致呈现了公共卫生间的每一个空间节点，画面中绘制的建筑外立面图体现了设计元素概念，体现了方案的整体性，光影关系塑造清晰，营造了主题氛围。

● 该作品构图饱满，效果图塑造细致，营造了中式酒店大堂的氛围感。画面中列举了各式草图方案及空间草图，平面布局独特，在增加了构图丰富性的同时，也体现了专业性，以及方案制订的过程。

● 该作品对客厅装饰材质的选择及材质纹理的表达强烈、细致，并在空间中使用了软装饰品及植物，家具单体塑造到位，平面图、立面图、效果图统一且丰富，使整个空间内容更完善、丰富。

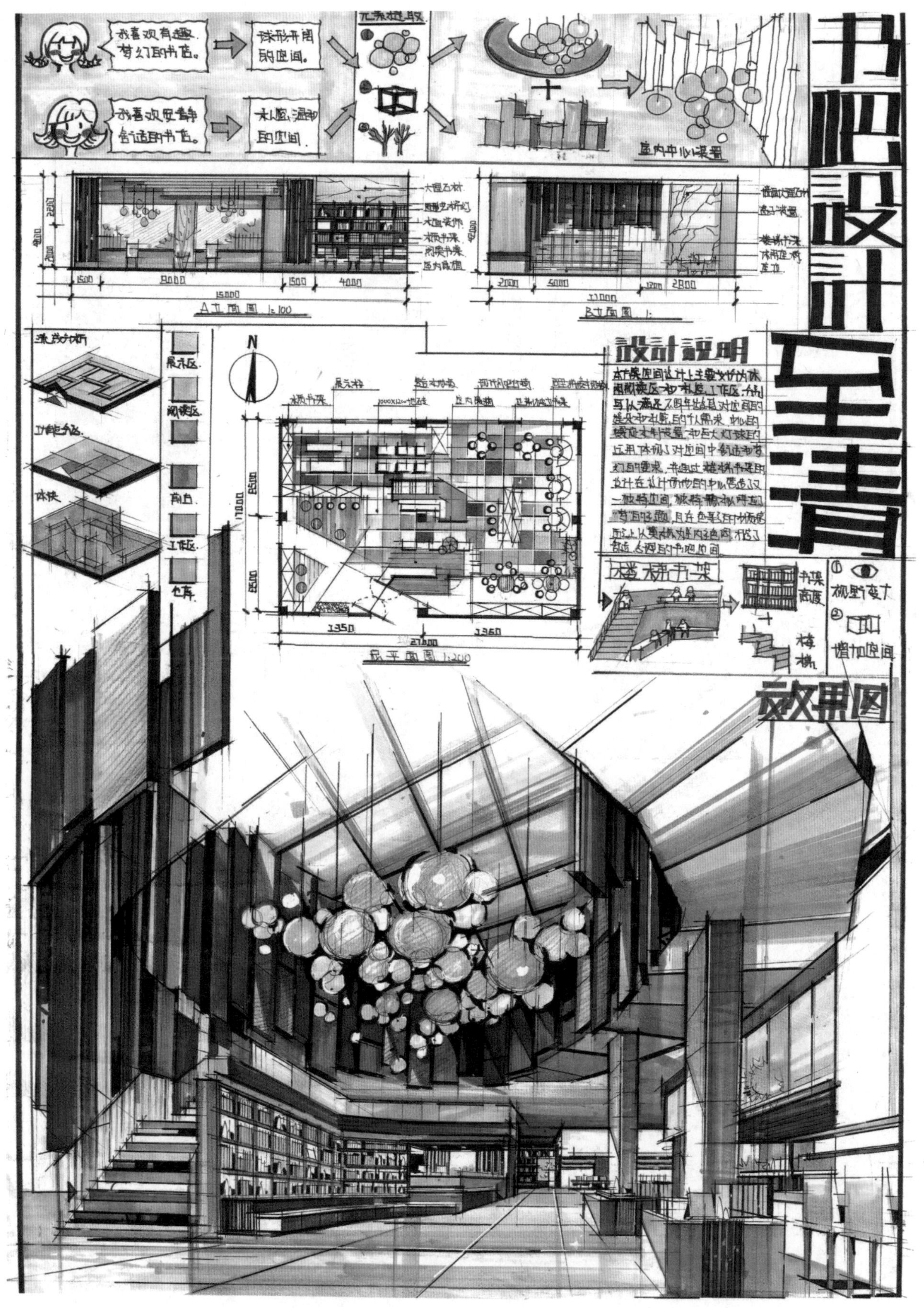

● 该作品营造了丰富的书吧空间，平面方案中功能区划分合理，材质介绍清晰。在效果图中，视觉中心点部分利用灯具作为设计元素进行塑造，从而突出了楼梯部分设计节点的层次及内容，对比塑造强烈。

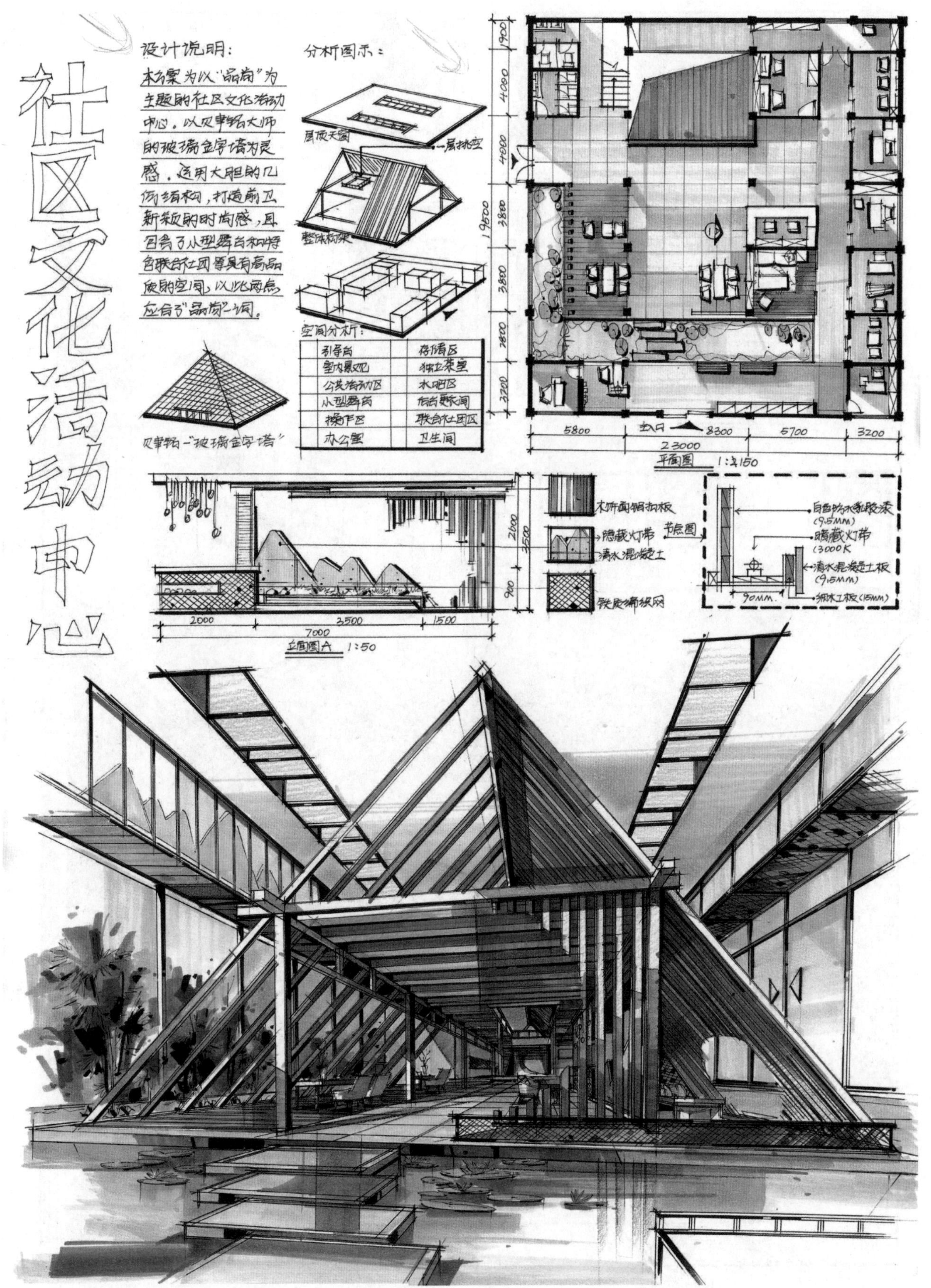

● 该作品选用"金字塔"作为概念元素，将大胆、前卫的几何结构置入室内空间，从而打破传统社区文化中心的单一、枯燥，营造了社区空间的文化概念，同时结合室外空间的塑造，丰富了该方案的内容，空间虚实与光影关系表达明确。

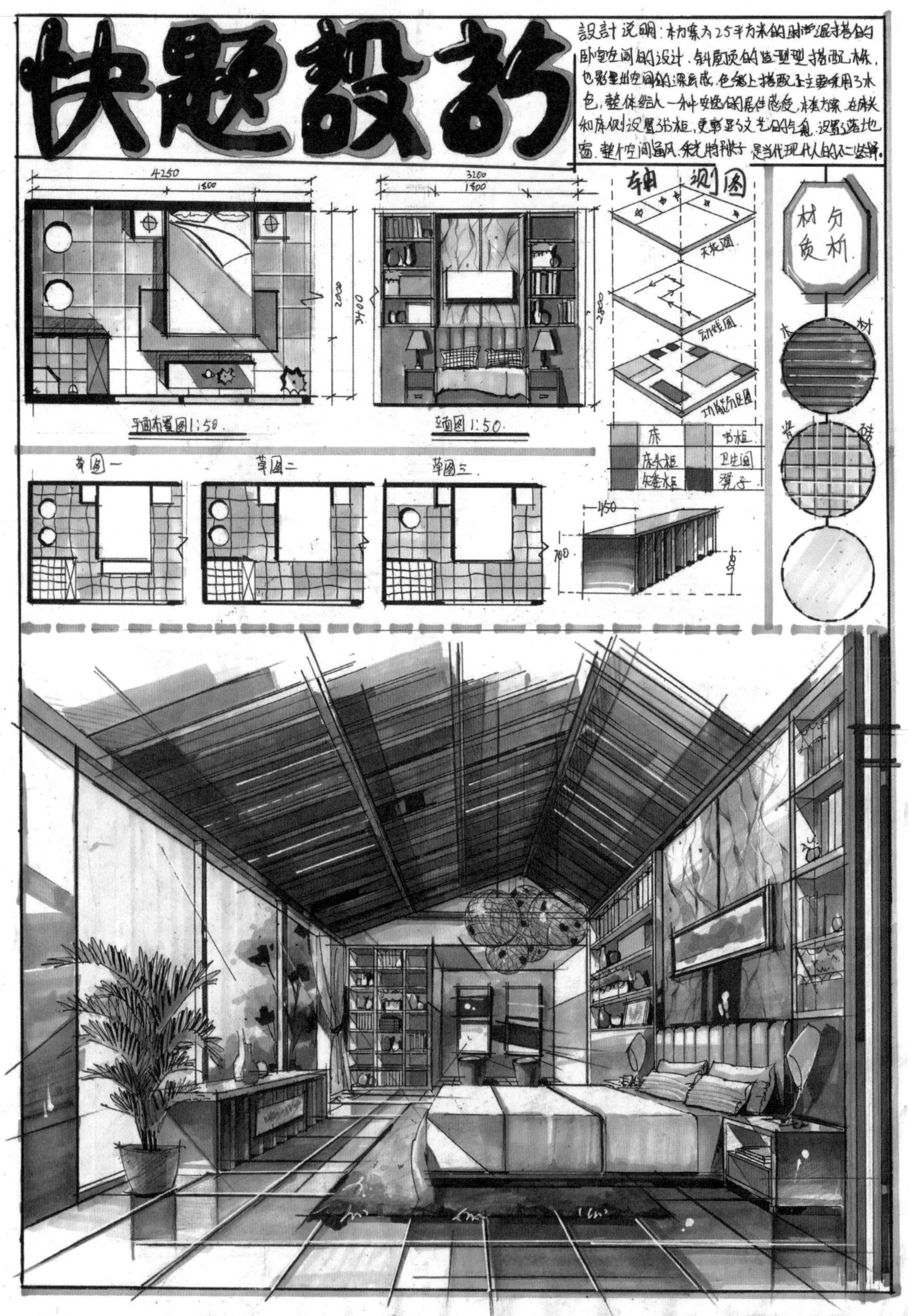

● 该作品技法熟练，空间氛围感营造适宜，马克笔技法熟练，色彩搭配凸显了强烈的视觉效果，使得整体画面协调统一。

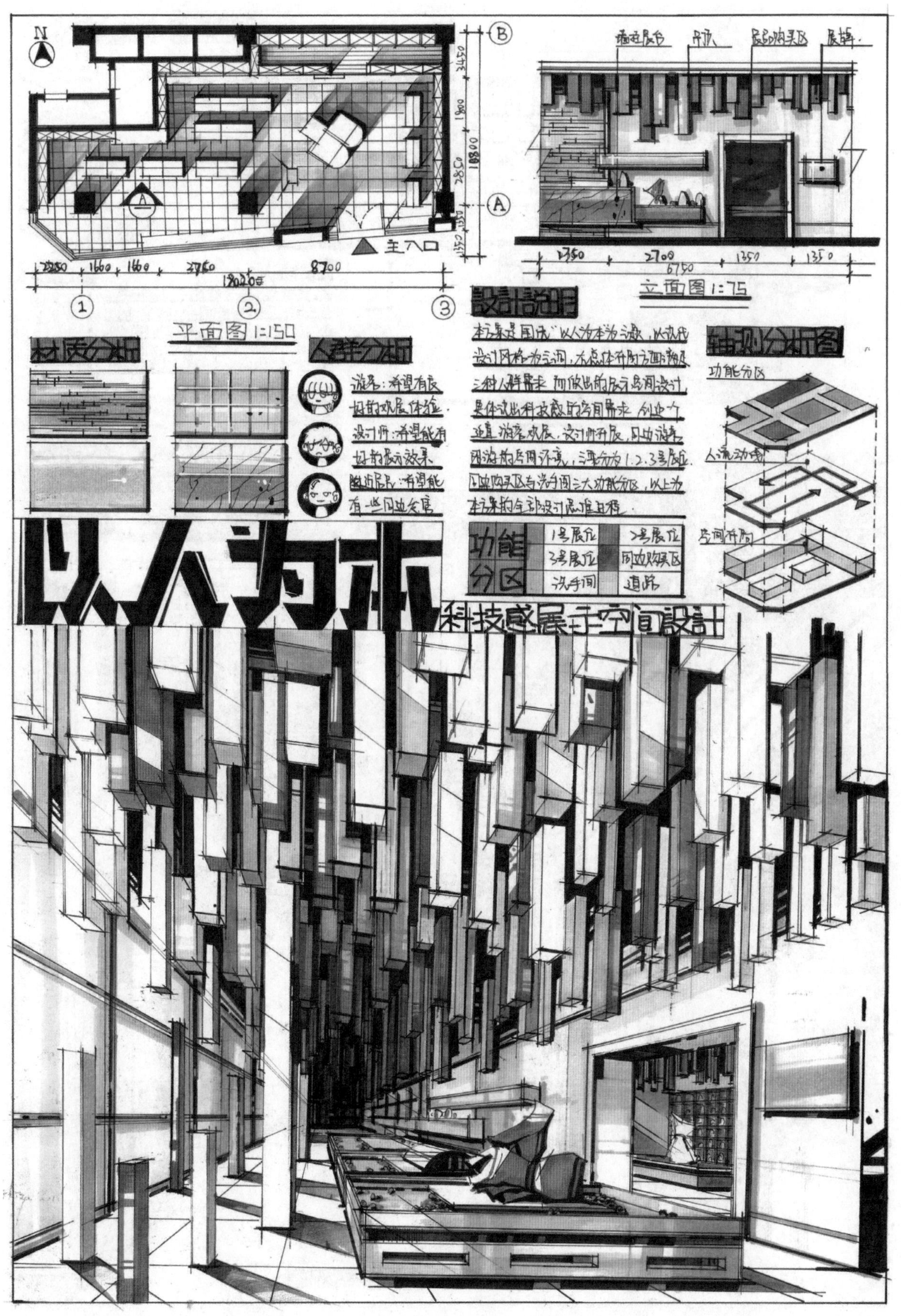

● 该作品选用高低错落的立体结构作为吊顶部分的设计元素，采用大面积灰色配红色点缀，给人强烈的视觉冲击，同时，前后关系的处理做到了虚实变化，光影关系塑造清晰，将展示空间的科技感生动地营造了出来。

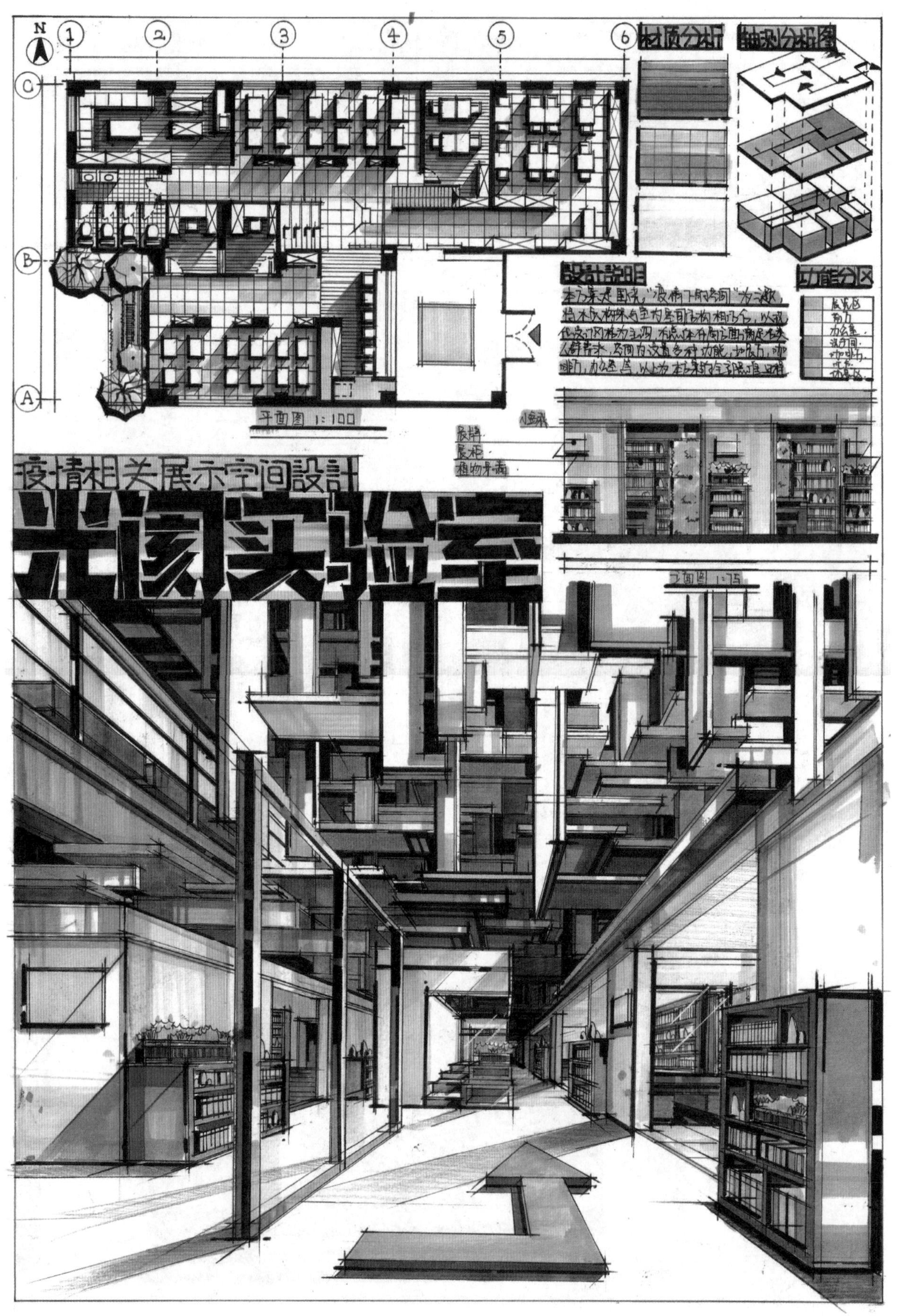

● 该作品构图清晰、饱满，制图规范准确。平面布置图的空间划分及布局合理，效果图中对于吊顶部分烦琐的结构关系表达到位，塑造细致得当，效果呈现生动。

● 该作品构图采用网格法，各区域画面内容清晰，功能分区划分合理，并通过对光影关系的控制保证了图面表达效果的丰富度与真实性，同时绘制了建筑外立面及剖面图，以清晰表达整体建筑结构。

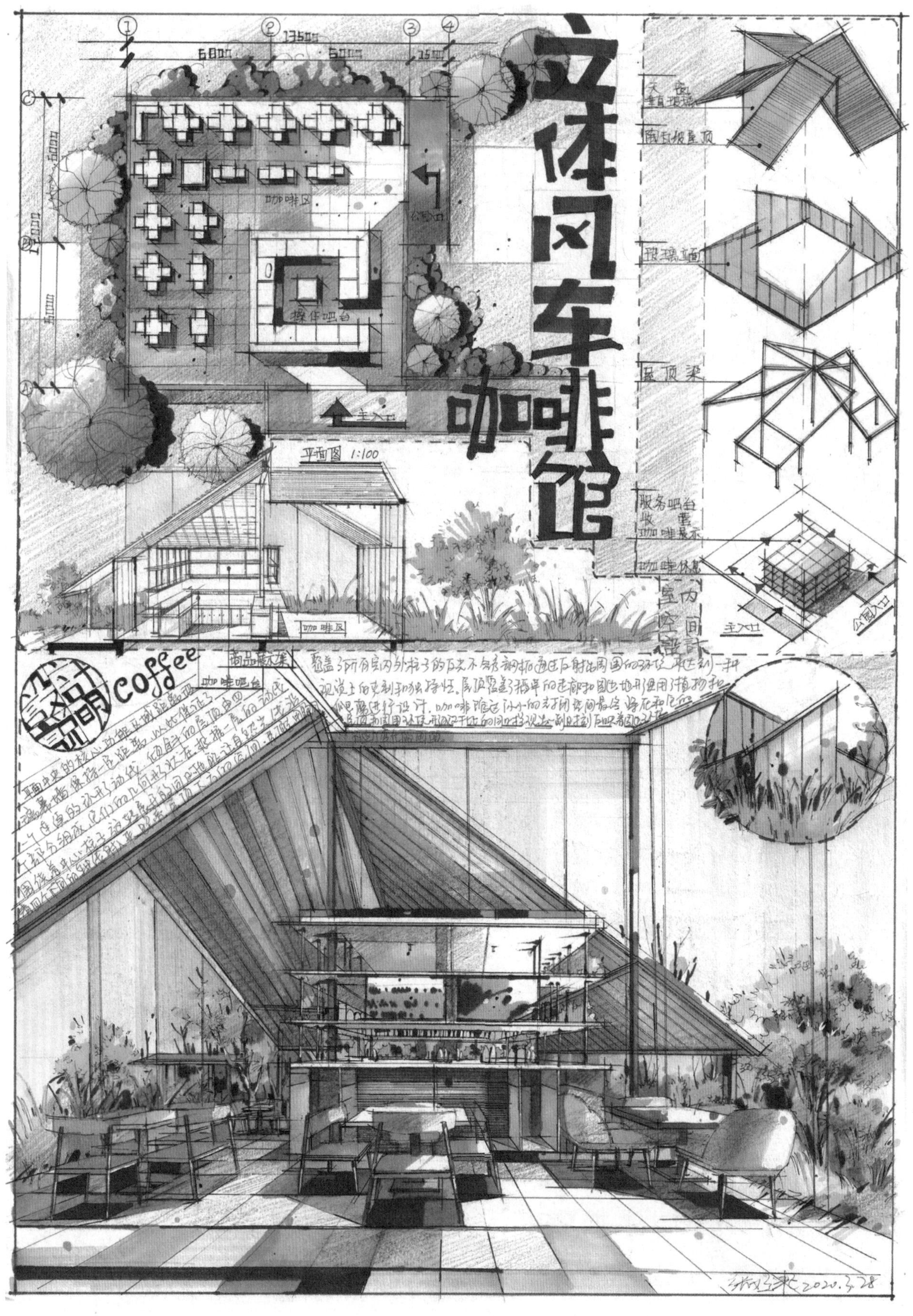

● 该作品营造了生动、清晰的餐饮空间，加建部分的立面表达符合结构选型与建筑特性，用色较为清晰，色彩对比效果明显，构图排版中将较大面积留给了空间分析图，以强化空间结构关系，从而体现专业水平。

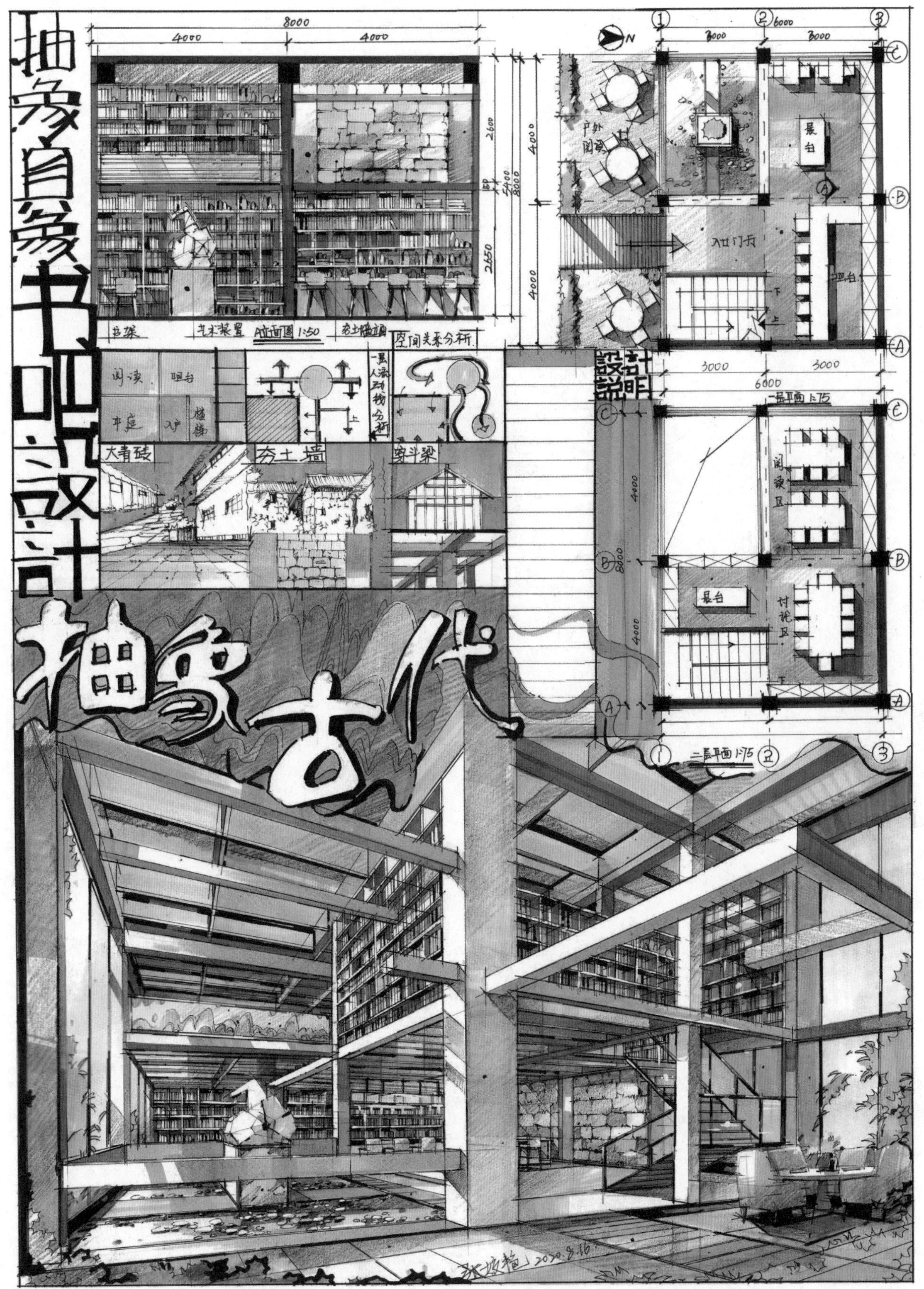

● 该作品构图采用网格法，空间效果图体现了室内空间的层次关系以及室外景观的虚化表达，通过塑造空间结构，形成了具有节奏感的体块关系，光影关系表达明确，塑造细致得当，空间氛围感营造与需求相适应。

7

考研经验分享

7.1 哈尔滨工业大学设计学专业考研经验

7.2 中南大学环境设计专业考研经验

7.3 湖南师范大学设计学专业考研经验

7.1 哈尔滨工业大学设计学专业考研经验

我本科就读于东北农业大学风景园林专业，考研选择了哈尔滨工业大学设计学专业。

准备时间

准备时间越长越好。在考研前一年3月份的时候，我开始看专业课的书，英语也是从3月份开始复习的。在整个考研期间，我最深的感悟是，到了后期（11月之后），所有考生的压力都会特别大，这时候我会庆幸自己准备得早，因为我比大多数人的进度快一些。所以，如果想在整个考研过程中轻松一些，最好提早开始准备。

择校问题

对设计专业来说，一线城市的资源一定是最好的，而且一般来说，南方高校的资源要好于北方。最初，我想考的是上海的学校，但是经过研究发现比较困难。所以，我在好城市和好学校之间选择了考一个好学校。在学校的选择上，建议在学校、城市、专业排名等之间做一个取舍，然后根据自己的能力，选择几所喜欢的学校，再对比一下每所学校的报录比、往年录取分数等因素，各方面综合考虑。

英语复习

英语的复习只需要记住两点：单词和真题。

无论英语基础好坏，最重要的就是背单词。对我来说，效率最高的背单词方式是使用App。我从3月份开始背考研大纲词汇，每天200个单词，一直坚持到考研结束。只要词汇量够大，一切英语问题都不是问题。

英语真题一定要利用好。2005年之前的真题，无论题型还是出题思路都和现在有很大区别，所以不太具有参考价值，但里面的阅读文章可以拿来精读。从5月份开始就可以做2005年以后的真题了，最好在考试前做两遍以上，真题中出现的单词一定要重点记忆。

英语真题不要整套做，可以把题型分开。我的安排是每天雷打不动地背诵200个单词，做一篇阅读理解，剩下的时间自由安排做其他题型。这样可以一直保持手感，到考试的时候也不会紧张。

如果英语基础不是很好，可以听一些老师的课程。前期，老师会做一个全年的复习规划。但是老师讲的做题技巧都是辅助性的，英语想要得到高分，必须有词汇量的基础。

政治复习

政治的复习时间看个人的情况。如果只需要考50分的话，暑假之后，八九月份开始复习也来得及，但如果想考75分以上，就一定要打好基础。

从5月份开始跟着老师的课程学，这样基础可以打得牢。在听完课程之后，可能大家都会比较迷惘，觉得自己什么都没有学会。这是很正常的，如果想要巩固知识点就必须做题，在做题的过程中反复学习知识点。还有一些技巧课程，学过之后，可以用各个老师的模拟卷来检验学习成果。

政治的复习很简单，就是多背知识点，多做习题。在后期每个老师都会出一本背诵笔记，可以选择一个自己喜欢的老师，把背诵笔记里的知识点记牢，考试前要背 5 遍以上。

设计学理论课

环艺专业和风景园林专业看起来有很多相似之处，但是在理论课方面，可以说毫不相干。我是一个工科生，从来没有接触过环艺理论课，所以花了很多时间和精力。

我们的专业理论课一共有 5 本书，但根据从学长那里获取的信息来看，重点只有两三本书。我从 3 月份开始看课本，在 5 月份之前，把 5 本专业课的书大概看了两三遍。大家可以按照这个方式，找到重点书，然后逐个击破，把自己认为重点的内容标记下来。在把书读透之后，参考一下资料，总结出一份自己的笔记。这份笔记就是后期背诵的重点内容，要背 5 遍以上才能保证在高度紧张的考场上游刃有余地回答问题。

大部分学校都会有真题资料，这些往年的真题也是复习的重点，因为出题的重复率一般比较高，所以近 10 年的真题都是很好的复习资料。

快题复习

考研是一个应试考试，所以手绘基础较弱的同学也不要过于担心，我在准备考研之前，在手绘方面几乎是零基础。

快题首先要打好手绘基础，透视和马克笔的应用一定要很熟练，然后才能进行快题创作。

我是在寒假的时候从基础透视和马克笔的用法开始学起的，然后在暑假进行快题集训。如果有时间，可以上完快题基础班，再上快题强化班，在练习方案的同时提高速度。老师可以教授方法，但想要真正提高手绘能力，还要动手多画。

由于时间不充分，我只上了快题基础班。在 8 月份快题集训后，我觉得自己面对考题无从下手，于是做出了一个大胆的决定：拿出一个月的时间练习快题。9 月份一整月，我都是上午复习其他科目，下午和晚上都用来训练快题。一开始画得很慢，一套快题（两张 A2 图）至少要画四五天，但是在画到第 3 套、第 4 套的时候，明显能感觉到画图时有一些思路了，在画到第 5 套的时候，就感觉自己有些会画了。量变产生质变，在掌握画快题方法之后，从 10 月份开始一直到考前，我都保持着一周画一套快题的节奏，以此保持手感。

另外，还要多看优秀快题作品，看到好的效果图或者思路可以整理、记录下来，运用到自己的快题中。不用特别担心考试时间的问题，只要练得够多就不会有问题。在练快题时，可以根据自己报考学校的偏好有所侧重。比如，我考的是一所工科学校，阅卷老师可能会喜欢比较理性的风格，比较喜欢灰色系，所以无论在排版还是马克笔的选择上，我都会针对这个特点进行选择。

学习时间

我是在学校的图书馆学习的，每天早上 7 点左右到图书馆，一直到晚上 9 点 30 分。除去吃饭、休息的时间，一天可以集中学习 10 个小时左右，这已经足够了。学习时间的安排不要太过细碎，要拿出整块时间学习。比如，我会在上午学英语，下午学政治，晚上学专业课，然后一周抽出一天时间画快题，这样学习的效率会比较高。

最后，祝愿大家都可以成功“上岸”。

7.2 中南大学环境设计专业考研经验

设计理论

设计理论的书目包括《世界现代设计史》（50%）、《工艺美术史》（20%）、《设计学概论》（10%），另外还包括个人的专业素养积累（20%）。综合历年真题可以发现，从 2017 年开始，中南大学的专业理论考试题目越来越关注时代的发展，比如，如何利用设计解决我国现有的实际问题，如何看待时代发展对设计的影响。对综合素质的考查大概有 30—40 分。

在了解现代设计发展的同时，对参考书目内容的熟知也非常重要。2020 年，中南大学设计理论的题型有了变化，原来最容易得分的填空题取消了，名词解释变成了每道题 10 分，简答题变成了 20 分，也就是变成了 3 道名词解释、3 道简答题、1 道论述题（60 分）。虽然题量变少了，但是每题的分值变大了。

名词解释和简答题的答题格式，还有论述题的答题思路非常重要。读懂题，知道要论述什么，论点清晰，论据表达准确，结论总结合理、完善，这样才能在大量的文字中展现自己的真实能力，获取高分。如果把知识点写得很散乱，没有条理，是很难拿到高分的，阅卷老师的阅卷速度很快，不会仔细地在段落中找出散乱的知识点。

快题复习

快题就是设计基础。2019 年，我第一次参加考研考试，当时的快题题目是《简》，让考生以“简”为主题创作一个中小型空间。我画得比较简单，室内没有太多主题表现，很空旷，所以拿到的分数并不高。反思之后，我发现自己还不知道如何在一个空间内表现自己的设计想法，也不会创造主题鲜明的造型，完全是照抄其他模板。在第二年再准备快题的时候，我有了更清晰的目标，知道自己想要表现什么，对不同空间之间的变换也更加得心应手，逐渐摸索出了自己的画风。所以，对快题考试来说，需要多画、多积累，找到自己的风格，同时整理出两三套模板，以应对不同的空间。

近几年，中南大学的快题考试都以主题命名，如《简》《共享》《链》，这种主题性的空间需要比较夺目的设计特点，以及适当、合理的推导分析，让阅卷老师知道空间设计感从何而来，是如何演变成最终效果的。中南大学很注重这样的分析过程，仅仅画得好看而不知所以然是不行的。

学习计划与时间安排

我在学习的过程中，每天会在便利贴上写出自己要掌握的几个知识点，然后贴在书的封面上，一个一个地完成。完成是指把它作为一道简答题，完整、清晰地写在纸上。好记性不如烂笔头，写过几次以后就会记得非常牢固。

关于快题，暑假集训的 20 天时间是找到自己的画风、整理出自己的模板的最佳时机。之后的备考时间，一星期画 1—2 幅作品就足够了，临近考试的时候再抽出几天时间训练一下画快题的速度。

早睡早起，有个良好的身体以及精神状态是非常重要的，这会提高学习效率。我不是一个很严格地遵守时间表的人，不会非常精确地安排各科的学习时间。只要每天都完成了制订的小目标，不必拘泥于具体的时间。

7.3 湖南师范大学设计学专业考研经验

湖南师范大学设计学专业的专业课考试科目包括综合理论（150 分）和设计专业理论基础（150 分）。

综合理论

综合理论包括三本专业书——《中国工艺美术史》《世界现代设计史》《设计学概论》。

在时间安排上，对专业书的了解要从很早就开始，尽量多看几遍书，多背几遍知识点。知识点的背诵可以从 10 月份开始，越早越好。

在通读专业书的时候，可以结合对专业书进行重点知识点整理的工具书一起读，在书上标记位置，最好在一个本子上集中摘抄整理。

因为 2022 年的考试取消了名词解释，简答题和论述题的分值就变得更大了，所以在背诵具体知识点时，要有相应的扩展。知识点中的生僻字一定要动手写，如果写错字，填空题是得不到分数的。在做历年真题以及预测试卷时，必须要自己动手写下来，可以自己计时，控制篇幅。写好后让老师指导。

专业课的学习一定要沉下心，多背、多记、多想，把各知识点串联起来。比如复习《世界现代设计史》，要把其中每个运动的时间顺序、风格特征、时代背景、代表人物、影响等内容烂熟于心，同时把握好各个运动之间的联系，以及各个运动的相同与不同之处。《中国工艺美术史》要在一个朝代的框架内去理解其时代中工艺美术的特点，了解这个时代的风格特征以及社会背景，书中正文后面的知识点也要特别注意。《设计学概论》需要注意对每一个大类的总体理解。

设计专业理论基础

这一科目是考研改革后新增的科目，它替代了原来的手绘快题，一共包括四道题。我当初考时前两道题是对一个概念解读并加以论述，第三题是指出一个小区规划的不妥之处并改正，第四道题是给出一个前提和一个室内场地平面图框架，要求依照前提对平面图进行设计，需要作图，并解释自己的设计理念。

我当时在备考时完全没有参考资料，只有官网上对考试范围的笼统介绍，所以只好多看书和文章，包括大学本科的设计类专业书、各种新出的论文，以及最新的设计动向文章。这些内容无形中让我学到了很多知识，所以在面对一套全新的试卷时，我才能静下心来按要求答题。事实证明，多看书，总没错。

另外，手绘快题虽然在初试中被替换掉了，但是在整个学硕的考研中并没有被抹去，而是被提到了复试当中。所以说，它的地位不但没有被降低，甚至可以说是被提高了。对于手绘快题的学习，推荐参加线下的专业培训班。